아무날
에는
……
가나자와 金沢

일러두기

이 책에서 소개하는 공간마다 우측의 기호를 사용해 신용카드 가능 여부,
영어 소통 여부, 사진 촬영 허용 여부를 표기했습니다. 특히 일부 숍의 경우
사진 촬영이 엄격히 제한되고 있으므로 사진을 찍기 전에
정보를 확인하는 게 좋습니다.

신용카드　　영어소통　　사진촬영
가능　　　　가능　　　　가능

이로·모모미·아사코 지음

아무날
에는

金沢

가
나
자
와

여기부터
다시
일본 여행

이봄

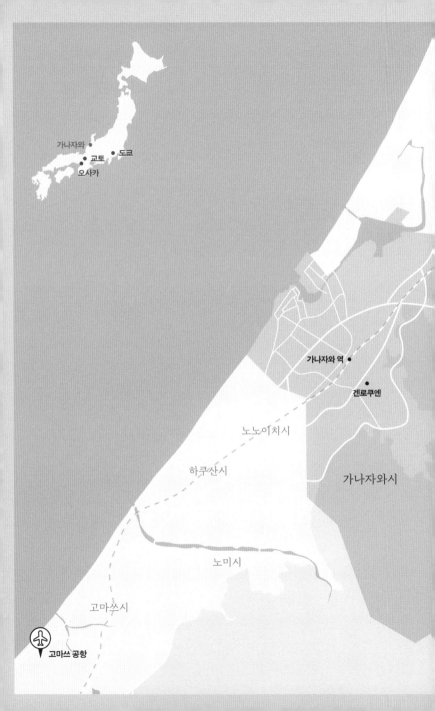

가나자와 • 도쿄
교토 •
오사카 •

가나자와 역 •

겐로쿠엔 •

노노이치시

하쿠산시

가나자와시

노미시

고마쓰시

고마쓰 공항

열중하되
매몰되지 않는
시간들

사소한 질문 하나가 생전 처음 어떤 지역을 찾게 만들기도 합니다. 일본에서 아트북페어를 운영하는 친구에게 호기심에 "저희와 잘 어울리는 지역이 어디일까요?" 하고 묻자 잠깐 뜸을 들이더니 가나자와라고 답했습니다. 그는 가나자와가 대도시처럼 북적이지 않으면서도 젊은 사람들이 끊임없이 무언가 시도하는 곳이라 했습니다.

그가 보기에 독립서점과 작은 출판사를 운영하면서, 이웃나라의 북페어를 방문해서는 알지도 못하는 작가의 책을 신기하게 바라보는 제가 가나자와 사람들과 잘 어울릴 거라 생각했나 봅니다. 다녀와 보니 가나자와는 가만히 고여 있지도 바삐 스쳐가지도 않고, 조용하지만 선명하게 움직이는 곳이었습니다.

가나자와라는 지명을 들었을 때 그곳이 고향인 사람이 생각났습니다. 서예가이자 동교동에서 '아메노히 커피점'을 운영하는 이케다 아사코 씨입니다. 아메노히에서 커피를 마실 때 그가 가나자와 이야기를 자주 들려주었거든요. 입버릇처럼 "가나자와를 소개하고 싶다"고 했습니다. 가나자와에 가보고 싶은 두 사람과 가나자와를 소개하고 싶은 한 사람이 만나 그 욕심을 현실로 만들었습니다. 입버릇이나 인사말, 짧은 소망이 이루어지면 그 말이 평면적인 말에 그치지 않고 입체가 된 듯 기분이 좋아집니다. 더구나 가나자와가 고향인 친구의 사려 깊은 안내를 받는다면 더할 나위가 없죠.

　가나자와는 흔히 하루나 이틀, 길어야 사흘 정도 머무르면 충분히 둘러볼 수 있는 지역으로 여겨집니다. 저는 그렇게 쉽게 정의해도 좋을 곳은 없다고 생각합니다. 오늘 간 곳을 내일 또 들를 수도 있고, 어떤 날은 아무것도 하지 않을 수도 있고, 그렇게 2주일을 머물 수도 있습니다. 도시의 정수만 깃발 꽂듯 훑을 때의 성취감도 있겠지만, 깃발 따위는 집에 두고 여행에 정답은 없다는 듯 멋대로 헤매다니고 싶은 사람도 있는 법입니다.

　아사코 씨의 추천으로 들른 공간 중에는 자국 매체의 취재는 전부 거절하면서도 우리 방문을 처음으로 허락한 곳도 있었고, 점수를 매긴 사람이 한 명밖에 없는 바람에 구글맵 평점이 3점대인, 하지만 무척 아름다운 카페도 찾았고, 평소대로라면 절대 들어가지 않을 식당 문도 열어 봤고, 전시장 뒷길 따라 산책을 하기도 했습니다. 여행 마지막 날 아사코 씨는 아직 못 본 곳이 너무 많다고 했고, 아직 못 본 곳이 너무 많은 채 돌아와 다행이라고 생각했습니다. 아쉬운 마음을 남겨둬야 또다시 저도 모르게 가나자와행 비행기표를 알아보고 있을 테니까요.

방문한 곳곳의 주인장들은 다들 우리와 비슷한 나이에 자신만의 일을 벌이며 여유로워 보였습니다. 자본이나 시간으로부터의 여유가 아니라 자신의 업으로부터 여유로운 사람들이었어요. 지금 이 일을 가장 잘 말할 수 있는 사람이 자신이라는 걸 알고 있는, 맑은 표정을 잔뜩 만났습니다. 열중하되 매몰되지 않는 기운을 마주해 신났습니다. 누군가 정성 들여 만든 것을 소비할 때 그 사람의 세심하고 고운 시간을 사는 거란 생각을 자주 합니다. 가나자와에서 이런저런 시간을 구경하고, 튼튼한 시간을 사고, 잘 짜여진 시간을 먹고 마셨습니다. 이 책은 가나자와에서 보낸 시간의 기록입니다.

2019년 5월
유어마인드에서 이로

차례

고마쓰 공항

관문이라기엔 작고
프롤로그라기엔
귀여운

여행을 다닐수록 작은 공항이 편합니다. 큰 공항은 거대한 만큼 체계적이고 편리하지만, 넓은 공간을 걸어야 하고 그만큼 인파도 몰립니다. 한번 게이트를 착각하면 이쪽 끝에서 저쪽 끝까지 종종걸음으로 걸어가도 한참이죠. 더욱이 시간에 쫓기고 있다면 마음이 급해지고 계속 제자리를 걷는 기분도 듭니다. 공항은 머무르는 곳보단 지나치는 곳이니 소박한 공항에서 간편하게 이동하는 게 좋습니다.

　고마쓰 공항은 도쿄의 나리타, 하네다 공항이나 오사카의 간사이 공항보다는 많이 작아서, 한눈에 파악할 수 있습니다. 비행기에 내려 하염없이 걷지도, 출국심사대에서 삼사십 분씩 대기하지도 않습니다. 작은 공간이 각각 구획되어 착착 단계별로 통과하면 그만입니다. 소형 공항답게 임기응변으로 만들어 둔 집기도 눈에 띄어 귀여웠습니다. 과자박스를 쌓고 그 위에 '스톱'이라고 표기한다든가, 빨래봉 같은 것에 종이를 달아서 무슨 안내 깃발처럼 쓴다든가. 해

외 출입국을 관리하는 곳치곤 너무나 DIY에 가까워서 과
자박스에 붙은 둥글둥글한 서체를 보고 있자면 세관이나
입국관리자의 위엄도 같이 둥글둥글해집니다.

수속을 완료하고 나서도 헤맬 필요 없이 몇 걸음만 걸으
면 버스정류장이 나옵니다. 그곳에서 가나자와 역까지 40
분 걸리는 특급버스를 탑니다. 미리 공항 식료품점에서 사
둔 '가나자와 유자 사이다'를 마시다 보면 왼쪽에 바다를
끼고 달리기 시작합니다. 어떤 지역에 가면 전국으로 유통
되는 제품보다 그 지역 특산물을 먹거나 마셔 봅니다. 간혹
편의점 음료보다 실망스러울 때도 있지만 그런 감정도 이
곳이니까 느낄 수 있는 고유의 실망이라는 생각이 듭니다.

다행히 유자 사이다는 성공적이었어요. 하늘에서 보낸
시간에 내심 지쳐 있었는데 과일향이 입과 코에 달콤하게
퍼집니다. 지역 특산품이 입에 맞으면 여행을 더 기대하게
되죠. 이 토양으로부터 나온 음료 하나로 넓은 지역을 짐
작하는 마음이 꼭 과장만은 아닐 겁니다.

고마쓰 공항과 특급버스 옆 바다와 유자 사이다로 이제
가나자와에 도착할 준비를 마친 셈입니다.

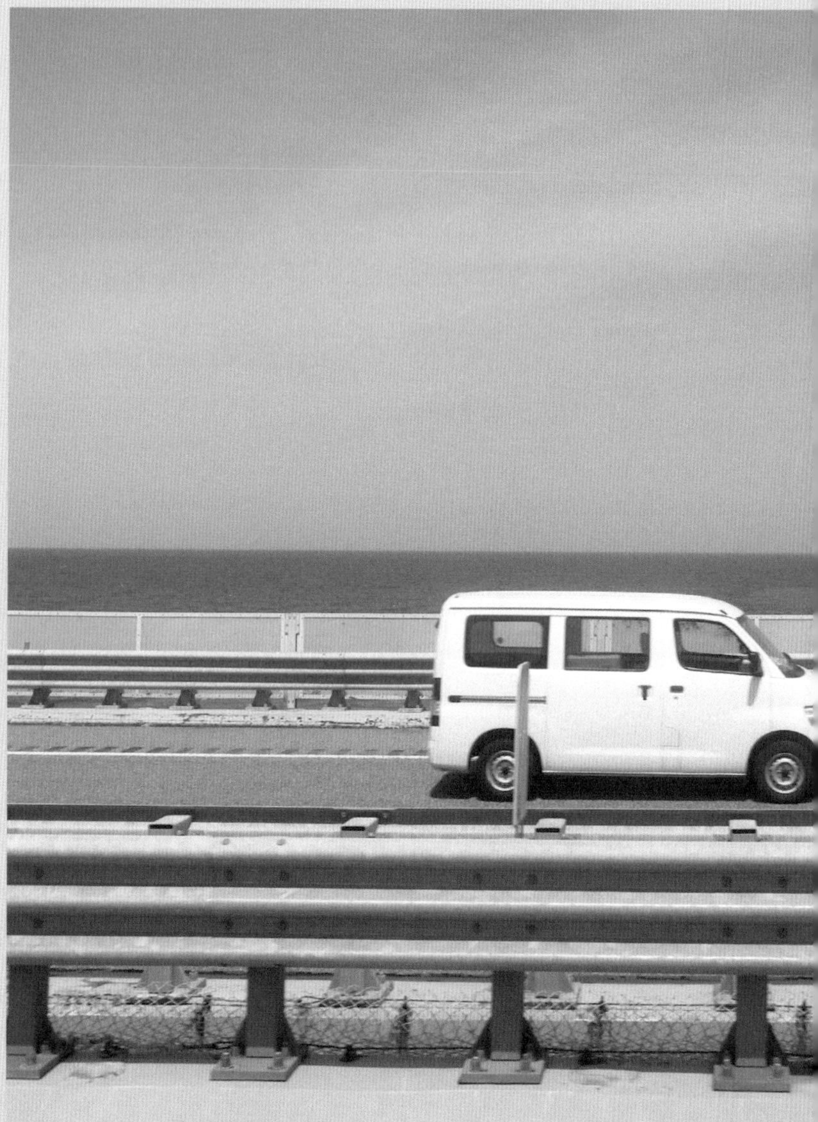

◀ 가나자와 역

이나샤

이와모토
키요시 상점

클라본

오미초 시장

다이쿠니즈시

쿠무

오요요쇼린
세세라기
도오리점

니구라무

히라미판

글로이니

스크로 롤
액세서리즈

타와라

시라사기

아카기

신타테마치

가나자와
코마치

루구

니와토코

하치

사유

히가시차야 거리

쿄우미 카이

겐로쿠엔

팩토리
줌머/갤러리

가나자와
21세기 미술관

나카무라
기념 미술관

스즈키
다이세쓰관

아사노 강

사이 강

원원오따

비스트로
유이가

타프타   키쿠

갤러리
노와이요

오요요쇼린
신타테마치점

팔러크후쿠

벤리스 앤 잡

카피레프트

팩토리 줌머/숍

니기니기

조-하우스

미나 페르호넨
가나자와

이시비키 퍼블릭

와카바

후쿠미츠야

N

200m

여기서부터
가나자와입니다

공항을 통과해 낯선 지역에 처음 진입할 때
마주한 것들로 여행 전체가 판가름나기도 합니다.
솜씨 좋은 초밥 가게와 정겨운 찻집으로
가나자와 전체를 가늠해 봅니다.

すこ処 福正 大國鮨
だい くに すし

支度中

전갱이·눈볼대 초밥

대게 김초밥

다이쿠니
즈시

초밥 소도시의 등대

大國鮨

Daikuni Sushi

"가나자와 사람이 좋아하는 초밥이라면 믿어도 됩니다."

이 말을 듣고 '다이쿠니즈시'에서 전갱이 초밥 한 점을 먹으니, "정말이네요, 그 말을 믿으면 됩니다"라고 그 말을 반복하고 싶어집니다. 너무 단호한 표현이 아닐까 했는데 먹어 보니 오히려 절제한 말이더라고요.

가게 문을 열면 생선과 밥 양념 냄새가 훅 들어옵니다. 이 밥 냄새가 중요합니다. 우리 셋 다 냄새로 이미 밥 상태가 얼마나 좋을지 짐작했어요. 자리를 기다리는 동안 괜히 더 냄새를 맡았습니다. 배고픈 채로 가서 더 그랬나 봅니다.

점심 추천 코스는 두 종류입니다. 가격은 때마다 달라질 수 있다고 합니다. 생강초절임을 집는 젓가락이 따로 있는데 크고 긴 젓가락의 촉감이 좋습니다. 생강초절임을 핑계 삼아 계속 덜어 먹었습니다.

가나자와는 다른 지역보다 초밥이 유명하다고 합니다. 이시카와 현 바다는 난류와 한류가 만나는 훌륭한 어장으로 다양하고 신선한 생선이 많이 잡히고, 물과 쌀의 품질 역시 뛰어나다고 합니다. 좋은 초밥을 위한 요소가 모두 갖춰졌죠. 이곳의 스시 장인이 운영하는 가게에 오기 위해 몇 개월을 기다리기도 하고, 해외의 여행객들이 오직 스시를 먹으려고 가나자와를 방문하는 경우도 있습니다. 가나자와의 초밥 가게들은 무리해서라도 일부러 찾아오거나, 좋은 일을 기념할 때 오는 곳이라고 합니다.

두 가지 종류의 코스가 있고, 가격이나 구성은 때마다 달라진다고 합니다. 초밥을 쥐는 주인장의 움직임이 멋졌습니다. 몸은 천천히 움직이는데 손이 무척 빨라서, 뭐랄까 등대 같았어요. 왜 하필 등대가 떠올랐는지 모르겠지만 몸을 단단히 고정하고 손만 빠르게 움직이는 모습이 등대에서 뻗어 나오는 빛처럼 느껴져서 그랬나봐요.

처음 예상한 것처럼 초밥의 밥 상태가 정말 좋습니다. 질지도 되지도 않고, 허물어지지도 서로 뭉치지도 않습니다. 밥 양이 많아서 덮밥이 아닌가 싶은 쪽도 아니고 너무 적어서 생선회에 짓눌리는 쪽도 아닙니다. 주인장이 인생을 걸고 연구하지 않았다면 나올 수 없는 맛과 양입니다. 거의 완벽하게 회를 받치면서 보조하고, 또 보조만 하지 않고 미묘하게 이끌어 갑니다.

눈볼대 초밥도 대단했어요. 눈볼대는 가나자와 특산물 중 하나입니다. 붉은 빛이 도는 생선으로 부드러운 동시에 고소해서 몇 입 씹는 순간 진가를 알 수 있습니다. 초밥이든 구이든 조림이든 존재하는 어떤 방법으로 먹어도 맛있겠어요. 초밥마다 와사비 양이 미묘하게 다른데요, 생선마다 필요한 양을 판단해서 넣었겠죠. 그 정도까지 신경 쓸 필요가 있을까 싶지만 누군가의 점심 식사를 그 정도까지 신경 써줘서 감사했습니다. 와사비가 너무 적어서 밋밋하지도 않고 너무 많아서 콧등을 부여잡고 머리가 띵할 일도 없습니다.

새우 초밥을 먹고 어라 하고 좀 충격을 받았어요. 단새우 초밥이라든가 생새우 초밥 맛이 다르면 그러려니 하겠는데 가장 익숙한, 늘 먹던 빨간 초새우 초밥이었거든요. 그동안 먹었던 초새우 초밥을 부정하고 싶을 만큼 훌륭한 맛이었어요. 납작하고 푸석한 맛이 아니라 "단새우 필요 없이 초새우 하나 더 주세요" 하고 외치고 싶은 식감이었습니다.

　코스별 차이도 크게 느껴지지 않아서 어느 쪽을 골라도 대만족입니다. 세 접시째(초밥 여섯 개 코스) 나왔을 때 아사코 씨에게 지금 세 접시만으로 끝나도 납득할 것 같다고 말했어요. 진심이었습니다. 새로운 접시가 나올 때마다 '어떻게 이 가격에 이 품질로 열두 점을 낼 수 있지' 중얼거리며 탄복했습니다. 진한 녹차까지 마시고 가게를 나왔습니다. 바깥에서는 가게 모습을 전혀 예상할 수 없어서 아사코 씨가 아니었다면 문을 열어볼 엄두를 내지 못했을 곳입니다. 전부 아사코 씨 덕분입니다. 등대 같은 주인장이 비춰주는 초밥의 길은 밝고 따스했습니다.

주소 金沢市西町藪ノ内通31 | 영업시간 11:00 – 14:00, 17:00 – 20:00
휴일 부정기 휴무 | 전화 076 – 222 – 6211

프라자
미키

주인이 만들고
손님이 지켜온 공간

プラザ樹

Plaza Miki

한눈에 파악할 수 있는 공간보다, 문을 열고 들어갔을 때 기대와는 전혀 다른 방향으로 채워진 공간을 좋아합니다. 미리 사진으로도 보았고 상상도 했지만 실제로 맞닥뜨린 광경은 또 다른 거죠. 오히려 그것밖에 기대하지 못한 제 자신이 초라해지는 곳이 있습니다.

비를 피해 종종걸음으로 건물 안 '프라자 미키'로 쏙 들어갔을 때 그랬습니다. 우산꽂이에 우산을 넣고 문을 여니 내부에 원형 계단부터 보였습니다. 외부로 올라가는 비상 계단이나 내부 원형 계단을 과하게 좋아해서 그것으로 이미 충분했습니다. 저 계단을 잘 감상할 수 있는 자리에 앉아 두어 시간 바라만 보고 싶습니다.

프라자 미키는 47년 된 키삿텐^{찻집}으로 아사코 씨는 15년 전부터 시간이 날 때마다 들른다고 합니다. 아사코 씨와 주인장이 "제가 여기 처음 온 게 벌써 15년 전이네요", "아 벌써 그렇게 됐나, 시간 참…" 하고 대화하는 장면이 정겨웠습니다. 서로에 관한 정보 하나 없이도 긴 시간 함께하면 신기한 종류의 우정이 생기나 봅니다.

어떤 공간은 누군가의 시간을 더 평화롭게 만들어주고, 그렇게 평화로워진 사람들이 다시 그 공간을 더 유지될 수 있게 하죠. 어느 순간부터는 주인장뿐만 아니라 손님들도 이 공간을 사수해왔다고 생각합니다. 주인장 혼자만의 공간인 동시에 이곳을 아끼는 모두의 공간입니다. 긴 시간 동안 주인과 손님이 함께 자리를 지키는 가게를 보면 감동하게 됩니다. 지금 손님이 가득하든 아니든 얼마나 긴 시간과 많은 사람들이 여기를 지켰는지 가늠해 봅니다.

내부는 견고한 건물인데 의자에 앉아 바라보는 마당은 오래된 가옥의 것이라 그 거리가 의아했어요. 예전 주택을 재건축하면서 마당만 남겨 지금 모습이 되었다고 합니다. 300년 된 정원과 소나무여서 나무를 보호하는 차원에서 남겨 두었습니다. 남겨진 마당이 애처롭기보다 갑갑할 수 있는 건물에 힌트를 남겨줍니다. 이곳이 갑갑하지 않은 힌트를요. 유리문을 열고 마당 정원에 나가볼 수도 있고, 짧고 귀여운 길을 잠깐 걸어볼 수도 있습니다. 빨간 의자에 앉아 비 오는 정원을 바라봤습니다. 그 광경을 보면서 비가 더 많이 오는 날도 예쁘겠다고 생각했어요.

여기저기 둘러보는 동안 커피, 크림소다, 잼 버터 토스트가 나왔습니다. 진한 커피와 푸른 색 소다와 토스트가 이상적인 찻집의 풍경을 뛰어넘어 먹지 않고 바라만 보고 싶었지만 크림소다에 바닐라 아이스크림이 한 덩이 들어 있어 그대로 둘 수는 없었습니다.

잼 버터 토스트에 관해 이야기해두고 싶어요. 전 일본 카페나 다방에 가면 늘 버터 토스트만 먹었는데, 녹아내리는 버터가 올려진 토스트가 군침 돌게 했거든요. 프라자 미키에서는 모모미 씨 의견대로 잼 버터 토스트를 시켰는데 잼은 잼대로, 버터는 버터대로 자기 역할을 분명히 해서 어느 한쪽으로 치우치지 않은 맛이었어요.

초밥집 '다이쿠니즈시'에서 걸어서 1분 거리이니 마음 벅찬 점심 정식을 먹고 들러도 좋겠습니다. 반대편 1분 거리에는 커피전문점 '히가시데커피'도 있어요. 커피에 집중한다면 히가시데커피에, 디저트가 있는 찻집이 필요하면 프라자 미키로 가보세요. 다이쿠니즈시에서 점심을 먹고

프라자 미키에서 크림소다와 잼 버터 토스트를 먹으면 다
시 저녁도 다이쿠니즈시에서 먹고 저녁 디저트도 프라자
미키에서 먹고 싶어질지 모릅니다.

주소 金沢市尾山町6-22 | **영업시간** 9:00-17:00
휴일 토, 일, 공휴일 | **전화** 076-232-3258

커피, 크림소다,
잼 버터 토스트.

© 쿠무

쿠무

세련된 편리함을
보여주는
여행의 중심축

KUMU

쿠무더 셰어 호텔스 쿠무 가나자와를 '세련된 편리함'이란 말로 표현하고 싶어요. 보통 세련된 건 불편하고, 반대로 편리한 건 투박하기 마련인데 쿠무는 감각적이면서도 투숙객을 배려합니다.

가나자와 여행을 위한 최적의 요지에 있어요. 왼쪽으론 가나자와 역, 오른쪽으론 겐로쿠엔과 21세기 미술관, 위로는 아사노 강淺野川, 아래로는 사이 강犀川이라 어디로든 가기 쉽습니다. 대로변이어서 찾기 쉽지만 화려한 거리도 아니라 시끄러울 일도 없습니다.

입구에 들어설 때부터 디자인 팀이 맡은 인테리어가 전체 공간을 짐작하게 해줍니다. 네모난 카운터가 각자 역할을 맡아 한쪽에 서면 로비, 옆쪽에 서면 카페, 그 옆쪽에 서면 식당, 그 옆은 사무용 공간으로 자연스럽게 구획됩니다. 공간에 사족이 하나도 없는데 그렇다고 바짝 긴장하게 만들지 않아요. 밝은 목재가 많이 쓰이고 군데군데 청색 요소가 더 그렇게 이끕니다. 과하게 절제된 공간에 들어서면 몸이 움츠러들잖아요. 그런 구석이 없습니다.

방도 마찬가지입니다. 종종 현대적인 미감을 자랑하는 호텔에서 그 세련됨에 집중하느라 욕실을 완전히 방치하거나 방음이 하나도 되지 않거나 합판 냄새에 두통이 생기곤 했는데, 그런 약점이 없어요. 철골 구조가 창을 막아서 창문이 큰 의미가 없다는 게 아쉬웠지만 큰 문제는 아니었습니다. 숙소 역할뿐 아니라 끊임없이 이벤트를 열어서 공연, 토크, 요가 수업, 워크숍을 진행합니다. 호텔의 부분 부분, 이를 테면 차 도구 선정, 그릇 선정, 비품 선정 등을 각기 다른 예술가에게 맡기고 이벤트를 통해 다시 그들의 활동을 도와서 호텔인 동시에 문화적인 회전축 역할도 한다고 느꼈어요.

쿠무는 서너 명이 "다음엔 어딜 갈까?" 하는 고조된 목소리로 상의하며 함께 머물기 좋은 공간이었습니다.

주소 金沢市上堤町2-40

홈페이지 www.thesharehotels.com/kumu | 전화 076-282-9600

© 쿠무

호텔에서 사용하는 물건들도
지역의 작가와 강하게 연결하는 점이
인상적이었습니다.

© 쿠무

하치

실용적인
게스트하우스

HATCHi

아사노 강 옆에 자리한 하치는 쿠무와 같은 회사가 운영하는 숙소로, 쿠무가 개인실에 초점이 맞춰져 있다면 이곳은 도미토리 위주의 게스트하우스에 가깝습니다. 객실에 군더더기 없이 필요한 것만 정확히 갖춰 숙박비용을 낮추고 라운지, 식당, 카페, 기프트 숍 등으로 채운 짜임새 있는 공간입니다. 방 구성에 따라 화장실, 샤워실 유무가 다르니 확인 후 예약하길 권장합니다.

주소 金沢市橋場町3-18 | **홈페이지** www.thesharehotels.com/hatchi
전화 076-256-1100

© 하치

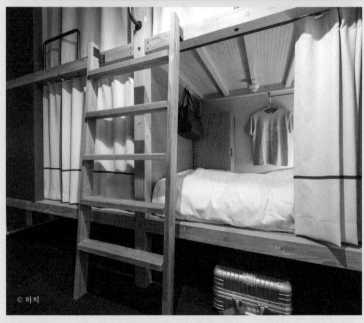

© 하치

◀ 가나자와 역

N
4

가나자와
코마치

이나사

이와모토
키요시 상점

사유

콜라본

히가시차야 거리

오미초 시장

루구

다이쿠니즈시

니와토코

쿄우미 카이

쿠무

니와토코

아사노 강

오요요쇼린
세세라기
도오리점

하치

니구라무

프라자 미키

히라미판

글로이니

스크로 롬
액세서리즈

겐로쿠엔

시라사기

팩토리
줌머/갤러리

타와라

가나자와
21세기 미술관

아카기

나카무라
기념 미술관

신타테마치

스즈키
다이세쓰관

원원오따

사이 강

비스트로
유이가

니기니기

조-하우스

미나 페르호넨
가나자와

타프타

키쿠

갤러리
노와이요

이시비키 퍼블릭

와카바

오요요쇼린
신타테마치점

팔라코후쿠

벤리스 앤 잡

후쿠미츠야

카피레프트

팩토리 줌머/숍

200m

(2)

가나자와의 한가운데: 신타테마치

신타테마치에는 좋은 가게들이 잔뜩 모여
있습니다. 가게와 가게가 서로 가깝게 붙어 있어요.
걸어서 5분이 넘지 않는 거리의 공간 8곳을
소개하겠습니다. 전통적인 힘과 새로운 모색
사이에서 자신만의 움직임을 보여주는,
지금 가나자와의 핵심과도 같은 곳들입니다.

日用の美しい道具
GALERIE
Noyau

갤러리
노와이요

과거를 편집하는
새로운 고집

GALERIE Noyau

13년 된 잡화점 '갤러리 노와이요'에 갔습니다. 골목을 하나 꺾어 접어들었을 때부터 정갈한 유리문과 거기 붙은 그달의 달력, 작은 입간판까지, 우리가 가는 곳이 저기다라고 직감했습니다. 옷과 생활용품을 함께 판매하는 노와이요는 작은 전시도 병행하기 때문에 갤러리라 이름 붙였다고 합니다.

　생활용품은 주인장이 쓰거나 쓰고 싶은 것만 판매합니다. 이곳에 놓인 제품들은 그의 사적인 선택이자 또 공적인 선별이기도 한 셈이에요. 주인장이 끝까지 읽어본 책만 판매하는 책방 같다고 할까요? 그릇을 예로 들면 요리를 담았을 때 그 요리가 돋보일 접시를 좋아한다는데 그 말을 듣고 보니 꼭 그런 그릇만 판매하고 있습니다.

가게를 둘러보던 중 여기저기 생화나 드라이 플라워가 눈에 띄었습니다. 취미로 하는 작업이라 하더군요. 자신이 쓰기 좋은 도구를 자신의 취미로 꾸민 상점이라 한 사람의 마음을 여러 사물로 펼친 듯한 공간입니다. 신타테마치의 가게들이 모두 그랬습니다. 지금 시대가 뭘 필요로 하는지, 사람들이 뭘 요구하는지, 어떻게 변화에 호응해야 할지를 고민하기보다는 지금 스스로 뭘 아끼는지 그 하나에 집중해서 오랜 시간 이어온 곳들입니다.

그렇다면 13년 동안 이 가게는 어떻게 변했을까요. 주인장에게 그동안 선별 기준이나 취향이 변했는지 물어보니 전혀 변하지 않았다고 바로 답했습니다. 지금 판매하는 옷과 제품을 13년 전 처음 시작할 때부터 중요하게 생각했다고 합니다. 처음 문을 열 때는 가나자와에 비슷한 잡화점이 별로 없는 데다가 전통적인 공예품 위주의 가게가 많아서, 다른 제품도 많다는 걸 말하고 싶었다고 합니다.

전통의 가치를 반대하거나 부정하는 건 아니지만 오래된 방법에만 몰두하면 시야가 좁아지기도 하죠. 그런 마음이 점점 쌓이면 오직 오래된 것만이 가치 있다거나 복잡한 기법만이 의미 있다는 생각에 빠지기 쉽습니다. 장인이라는 이름으로 끝내 어떤 인생을 온전히 희생해야 접근할 수 있는 고도의 기술만이 후대에 남겨질 이유가 있다면, 그때 예술은 어쩌면 개인을 지워가는 데 일조할지도 모르죠.

　이 공간은 그런 생각에 살짝 바람을 빼는, 아름다운 송곳 같은 곳입니다. 과거를 공격하지 않고, 부드러운 웃음으로 지금을 이어갑니다. 얼마 전에는 전통 의상을 좀 더 쉽게 접근할 수 있는 전시를 열기도 했는데, 이처럼 오래된 것도 조금 더 편하게 생활의 입장에서 접근합니다. 13년이라는 적지 않은 시간 동안 그 시각이 쌓여 새로운 방향을 증명 하는 중입니다.

주인장의
드라이 플라워 작업.

단순한 취미 이상의 솜씨입니다.
가게 중간중간 자연스럽게
제 역할을 합니다.

타프타

예술가의 아틀리에

taffeta

2016년에 나온 『꽃과 기하학무늬 자수』(진선북스)라는 책이 있습니다. 보통 자수는 딱딱한 구도 속에서 반복되곤 한다는 인상을 받는데 이 책의 작가 다카 도모코 씨는 그 방식을 살짝 비틉니다. 무늬와 패턴이라기보다 그림에 가깝습니다. 그 책을 공간으로 표현한 곳이 '타프타'라고 생각했습니다.

잠깐 둘러보자마자 이곳이야말로 예술가가 운영하는 이상적인 가게라고 생각했습니다. 이곳에 진열된 작품 대부분 다카 도모코 씨가 만든 것인데요, 한 작가의 작품으로만 이루어진 공간이나 가게는 지루하기 마련이잖아요? 그런데 전혀 지루하지 않았습니다.

형식이 다 다르기 때문 같아요. 액자처럼 걸어둔 작품부터, 브로치, 목걸이, 귀걸이, 장식품까지 자신의 자수로 표현할 수 있는 양식을 다양하게 펼치니 발견하고 비교하는 시간 내내 지루할 틈이 없었습니다. 8평 정도 될까요. 무척 작은 가게에서 이쪽에 집중했다가 반대편으로 모두 몰려갔다가 쪼그려 앉았다가 높은 곳에 매달린 모빌을 보았다가 과하게 신났습니다. 주인장 도모코 씨가 밝은 기운으로 이것저것 설명해줘 더 그랬습니다. 전부 다르게 생긴 브로치가 계란판 위에 진열되어 신기해할 때도 "이거 세팅하려고 산 새거예요. 쓰던 계란판 아닙니다"라고 웃으며 친절히 소개해주었습니다.

　귀걸이나 브로치 같은 자그마한 선물을 사기에도 좋고 본격적인 자수를 향한 욕망을 불태우기도 좋고 작가가 자신의 세계를 어떻게 공간으로 만드는지 경험하기에도 좋습니다. 이름대로 아틀리에이자 개인적인 전시장입니다. 바로 맞은편 키쿠*에서 금속을, 이곳에서 실을 번갈아 관찰해보며 극히 다른 재료를 경지로 끌어올리는 사람의 공간을 만나도 좋겠습니다.

주소 金沢市新竪町3丁目115 | 영업시간 12:00-19:00
휴일 수, 둘째주 화 | 홈페이지 www.ateliertaffeta.com
전화 076-224-3334

• 86~95쪽 참조

오요요쇼린
신타테마치점

종이로 만든 기둥

オヨヨ書林新竪町店

OYOYO SHORIN Sintatemachi

'오요요쇼린 신타테마치점'에 도착했을 때 잔뜩 쌓인 종이 박스가 있어서 웃음이 났습니다. 저희 책방 유어마인드도 늘 한 켠에 종이박스가 가득하거든요. 모든 책이 각기 다른 크기와 재질의 택배박스에 담겨 도착하다 보니 매번 정리한다고 하는데도 잠깐 한눈을 팔면 또 이렇게 저렇게 마구잡이로 쌓입니다. 여러 나라의 여러 서점을 다녀봤지만 종이상자에서 완벽히 벗어난 곳을 보지 못했습니다.

신간과 새 음반도 더러 눈에 들어옵니다. 사진집과 작품집이 많고 영화 관련 책이나 DVD도 보입니다. 평대 중앙에는 이곳 가나자와에서 발행되는 작은 소식지를 놓아서 두껍고 멋진 책들 사이에서도 핵심 자리를 자치할 자격이 있다고 주장합니다. 책장 간격이 무척 좁아서 책을 열람하기 어렵고 앉을 자리 하나 없는데도 그런 방식이 어울리는 곳입니다. 제작자의 손을 떠난 책이 독자의 집에 도착하기 전에 잠깐 들르는 저장소가 책방이겠죠. 그에 잘 어울리는 풍경입니다.

우리가 들어가 한참 책을 고르던 중에 주인장이 안쪽에서 나왔습니다. 여기는 주인장은 알아서 그의 일을, 손님은 알아서 손님의 일을 하는 곳이라고 할까요? 모모미 씨가 꽃꽂이 관련 책을 찾는다고 말하자 잠깐 "음" 머릿속을 검색하곤 기다리라며 다시 안으로 들어갔습니다. 창고에서 얇고 큰 책 한 권을 보물처럼 들고 나왔어요. 보자마자 사게 되는 그런 책이었습니다. 진열되지 않았다고 해서 비싼 책도 아니었어요. 이 좁다란 서점 안쪽에는 1,000평쯤 되는 거대한 창고가 있는 건 아닐까 잠깐 상상했습니다.

책방 고양이 후쿠와 인사하고 나왔습니다. 가나자와에 있는 오요요쇼린 두 곳은 모두 개인이 운영하는 헌책방이라 대형서점과는 장서량이나 편리함에서 비교도 안 되지만 책방을 가는 기준이 장서량이나 편리함이 아닌 사람들에게는 가나자와를 지켜주는 기둥같은 곳입니다.

주소 金沢市新竪町3-21 | 영업시간 11:00-19:00 | 휴일 수
홈페이지 oyoyoshorin.jp | 전화 076-261-8339

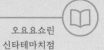

벤리스 앤 잡

겹겹의 사물

benlly's & Job

이번에는 26년 전 생긴 잡화점 '벤리스 앤 잡'입니다. 아사코 씨에게 26년이라는 시간을 들었을 때 혹시 잘못 말한게 아닐까 생각했어요. 1993년에 열었다는 말인데 공간에서 그 긴 시간의 흔적을 전혀 느끼지 못했거든요. 그만큼 끊임없이 스스로 갱신하는 가게란 뜻이겠죠. 아사코 씨가 고등학생 때부터 들른 곳이라고 합니다. 학생 때도, 성인이 되어 서예작가로 활동하는 지금도 여전히 구경할 게 있고 살 게 있다니, 단순히 오래 지내온 기간보다 그 점이 더 대단하게 다가왔습니다.

벤리스 앤 잡은 작은 가게치곤 큰 공간이었습니다. '작은 가게 치고 크다'는 말이 우습지만 자주 쓰는 편이에요.

작은 가게라는 표현이 크기만의 문제라기보다 적은 인원이 고집스럽게 운영해가는 곳을 뜻한달까요. 그야말로 잡화라는 말이 어울리는, 굉장히 다양한 제품을 다루는데도 서로 뒤섞이지 않아서 혼란스럽지 않아요. 이 코너는 이제 다 봤군 하고 다시 돌아와 보면 새로 보이는 물건이 한가득입니다. 러그부터 시작해 커피콩과 식기와 열쇠고리를 돌아 액자와 수납장을 거쳐 모래시계와 스노우볼까지 나타납니다. 첫눈엔 되는대로 진열한 것 같지만 보면 볼수록 모모미 씨도 저도 '불가능한 진열'이라 감탄했어요. 매일 모든 물건을 끊임없이 신경 쓰지 않으면 나올 수 없는 배치입니다.

　작은 사물과 도구를 좋아한다면 여기에서 아무것도 사지 않고 나올 수 있을까, 그런 사람이 있을지 모르겠어요. 아사코 씨, 모모미 씨, 저 모두 편한 마음으로 들어가 예상치 못한 걸 한아름 사서 나왔습니다. 어떤 것은 오래 찾았던 물건이고 어떤 것은 딱히 쓰임 없는 물건이고 어떤 것은 꼭 쓸데가 있다고 하며 샀지만 사실 그저 바라보기만 할 거라는 걸 이미 아는 물건이었죠.

　가게를 들어가기 전 아사코 씨가 '가나자와의 중요한 잡화점'이라고 언급했는데요, 다음 일정을 위해 20분만 둘러

보자고 해놓고 태연히 50분 만에 나왔습니다. 단지 많은
제품이 있어서는 아닙니다. 뭔가 살 수밖에 없기 때문도
아닙니다. '이것도 사고 싶다', '그런데 저것도 사고 싶어',
'나는 왜 저게 사고 싶지?' 첫인상으로는 느껴지지 않았던
시간의 무게가 쑤욱 마음으로 파고들었기 때문입니다.

　샅샅이 보고 나왔다고 생각했지만 분명 절반밖에 보지
못했을 겁니다. 읽을 때마다 새로운 말풍선이 나타나는 만
화를 반복해 읽듯 또 들르고 싶습니다.

주소 金沢市新竪町3-16 | **영업시간** 11:00-19:00 | **휴일** 수, 둘째주 화
홈페이지 www.benllys.com | **전화** 076-234-5383

전경만 가능

카피레프트

제품과 예술 사이

COPYLEFT

신타테마치 골목 안쪽의 '카피레프트'는 차분히 추려진 편집매장입니다. 직접 꾸민 인테리어도 그렇고 잘 선별된 제품이 각자의 영역을 지킵니다. 하얗디 하얀 벽과 철제 집기 때문에 겉으론 차가워 보이지만 어렵거나 불편하지 않습니다. 물건 하나하나를 살펴 보면 여러 분류에서 소수정예만 골라 두었단 생각이 듭니다.

팝업스토어도 하기 때문에 매번 조금씩 바꿀 수 있는 구도를 유지한다는데 그래서인지 다음 시즌에는 어떤 모습일지 궁금했습니다. 제품과 예술 사이의 물건을 판매한다는 설명이 재밌었어요. 말 그대로 양분되지 않는 사물이 많았습니다.

'벤리스 앤 잡'이 새로운 물건마저 26년이라는 시간의 여과를 통해 드러낸다면 카피레프트는 조금 더 현재의 감각을 표현하는 쪽입니다.

서로 다른 브랜드의 물건도 닮아 보이니,
주인장이 집중해 고른 것임을 알 수 있습니다.

팩토리
줌머/숍

취향 좋은
어른의 다락방

factory zoomer/shop

'팩토리 줌머/숍'은 사이 강변에 자리 잡은 백색의 건물인데요, 볕 좋은 날에 가서 그런지 눈부신 하양에 취해 들어 갔습니다. 유리문을 닫아도 미세하게 강이 흐르는 소리와 지나가는 자동차 소리가 뒤섞여 강변에 있다는 느낌이 가게에 머무는 내내 남아 있는 곳입니다.

유리 공예 작가 츠지 카즈미 씨가 운영하는 이곳은 1층을 카페 겸 소품 매장, 2층을 의류 매장으로 사용합니다. 좁고 높은 나무 계단을 조심히 오르면 1층의 절반 정도인 공간이 나타납니다. 2층 바닥 역시 나무여서 아무리 조심스레 걸어도 삐그덕 소리가 나는데, 취향 좋은 어른의 다락방을 구경하는 기분이 됩니다. 한두 벌을 빼곤 전부 차

분한 색상과 디자인의 옷이 잘 정돈되어 있습니다. 아트
앤 사이언스, 안티패스트, 댄스코, 마로바야 등에 관심이
많은 사람이라면 바로 '아 이렇게 골랐군' 싶은 라인업입
니다. 조금만 둘러봐도 섬세하면서 분명한 옷을 선별했다
는 걸 알 수 있어요. 소개하는 사람은 만든 사람의 맥락과
다른, 자신만의 해석을 할 수 있는 법이죠. 밝지만 창백하
지 않고 조용하지만 강박적이지 않아서 공간 특유의 쾌활
함이 있습니다.

　교토의 오오야커피ooya coffee에서 들여온 커피콩으로 카페
도 운영합니다. 500엔짜리 커피를 마시며 천천히 둘러볼
수 있습니다. 강 옆에 위치해서 좋은 점이 무엇이냐고 물
었더니 "봄에는 벚꽃, 겨울에는 눈이 내려 온통 다 하얗게
돼요"라고 했습니다. 역시 백색의 아름다운 공간에서 일하
는 사람다운 말이었어요. 또 조용하고 동네 사람들이 산책
하는 분위기가 좋다고 합니다. 강변이 가진 고유한 속도에
잘 어울리는 가게입니다.

주소 金沢市清川町3-17 | 영업시간 11:00-18:00 | 휴일 수
홈페이지 www.factory-zoomer.com | 전화 076-244-2892

1층 생활소품 진열대에는
도자기와 식기가 주를 이루는데,

많은 종류를 펼치기보다
소수의 작가 작품에 주목합니다.

원원오따

모든 걸 멈추고
커피만 마십시다

one one otta

제 버릇 중 하나가 시도 때도 없이 "아, 커피가 필요해"라고 말하는 것입니다. 너무 많이 마셔 좋을 게 없으니 좀 참다가, 커피가 필요하다는 문장이 계속 눈앞에 쌓이면 책방을 박차고 나가 급히 커피를 사오기도 합니다. 커피 한 잔이 그렇게 급할 게 뭐가 있겠어요. 그런데도 근처 커피점으로 걸어갈 때는 아이고 급하다 급해 서두르자 모드가 됩니다.

원원오따는 개인들의 가게가 핸드드립 전문점이나 찻집 형태에 쏠린 가나자와에서 작은 커피 스탠드로 벌써 8년째 운영되는 중입니다. 전 에스프레소 계열보다 드립커피를 더 좋아하지만 며칠 연달아 드립커피만 마시다 보면 고소한 라테가 생각나는 법이죠. 원원오따는 그때 머릿속에 떠올릴 이상적인 모습의 커피 스탠드와 닮았습니다. 네 평 남짓한 곳에 필요한 것은 다 있습니다. 메뉴도 꽤 많은 편이에요.

아사코 씨는 따뜻한 드립커피, 모모미 씨는 진저에일, 저는 아이스 라테를 주문했습니다. 만드는 속도가 어찌나 빠른지 잠깐 한눈 판 사이에 세 잔이 모두 앞에 놓였습니다. 좁은 공간에서 주인장 혼자 대충 만들지 않고, 철저하지만 신속하게 움직입니다. 오랜 시간 규모와 설정에 통달한 까닭이겠죠.

홋카이도에서 로스팅한 커피콩을 쓰는데 신맛이 적고 쓴맛이 강해서 신 커피를 피해 다니는 저와 모모미 씨에게는 최적의 커피였습니다. 우유와도 잘 어울려서 라테를 주욱 마실 때 멈출 수 없는 맛과 향이 있어 머릿속으로 생각한 것보다 조금 더 들이킵니다. 라테를 한입 마신 뒤 함께 주문한 오렌지 쿠키를 베어 먹었습니다. '응? 이게 어떻게 오렌지 쿠키지?' 속으로 생각할 때 서서히 오렌지 향이 퍼집니다. 입안이 커피향으로 가득 찼을 때 그 사이로 과일 향이 스며드는 기분이 좋았어요. 단어 소리 그대로 찹찹찹 순식간에 다 먹어버렸습니다.

가장 바쁜 시간을 물으니 3시라고 했습니다. 점심을 먹고 근처를 산책한 뒤 시간이 세 시라 하더군요. 식사와 커피 사이에 모두들 산책에 휩쓸리다니 그럴 법한 동네입니다.

아사코 씨와 주인장은 '21세기 미술관'에서 요시토모 나라 전시가 열렸을 때 함께 파트타이머로 일하다 알게 된 사이였어요. 가나자와는 무척 작은 지역이어서 어딜 가든 그런 느낌입니다. 처음 가는 가게 문을 열곤 "어? 왜 네가 여기 있어?" 하며 반가운 친구를 만나게 되는 곳이죠. 좁은 세계지만 그래서인지 이 좁은 동네를 각자 분명히 나눠 가진 책임감이 엿보였습니다. 아사코 씨가 추천해준 공간과 주인장에게서 자부심과 각오가 느껴졌어요. 건너 건너 모두 알 정도로 작은 곳에서 자신만의 공간을 만들 때 그만큼 더 제대로 하자는 각오랄까요. 대대로 내려온 장인의 세계완 또 다르지만 자신의 가게에서는 그 누구보다 프로겠죠.

다음 한 잔을 기다리다 벽을 보니 쿠폰처럼 보이는 색색 종이가 궁금했어요. '커피 티켓'이라고 부르는 개인별 선불 쿠폰이라고 합니다. 10잔 요금을 미리 내면 11장을 벽에 붙이고 올 때마다 한 잔씩 뜯어 냅니다. 마일리지 쿠폰이 하나씩 쌓는 식이라면 커피 티켓은 하나씩 제하죠. 그만큼 '이 커피 스탠드가 제일'이라는 손님이 많아야 가능하겠어요. 어떤 티켓에는 글씨나 그림이 그려져 재밌습니다. 손님과 가게 주인 사이에 대화 외에 또 하나의 매체가 생긴 셈입니다. '커피 티켓에 매번 유령 그림을 그려 넣는 단골손님'이라는, 드문 문장이 부러웠어요.

아 참, 이 가게 이름 말인데요. 영어로 원-원-오따. 무슨 뜻일까요? 아이가 태어나 처음 제대로 발음하는 말이 "왕왕 오따", 이시카와 현 사투리로 "왕왕이가 있어", 즉 "강아지가 있어"라고 합니다. 강아지를 발견한 아이의 기쁜 문장을 영어로 바꿔 커피 스탠드 이름으로 삼다니 귀여워요. 저처럼 '아니 그럼 고양이는?' 하고 생각할 분들께 말씀드리면 가게에서 다른 행사를 할 때는 '냥냥오따(고양이가 있어)'라는 이름으로 바꿔 씁니다. 치밀하죠.

원원오따를 나오기 전, 이곳을 매일 찾는다는 할아버지, 아사코 씨, 모모미 씨, 저, 천천히 커피를 마시던 손님, 서서 크로켓을 사 먹던 고등학생 손님까지 여섯 명이 카운터 자리를 채운 채 아무런 말도 하지 않고 자기 앞에 놓인 커피만 음미했습니다. 한낮 태양이 강해 블라인드를 낮게 내렸지만 그래도 빛이 파고들어와 등쪽이 따뜻한 초여름 오후였습니다. 왕왕오따, 왕왕오따, 귀여운 이름을 괜히 반복해 따라하면서요.

주소 金沢市池田町3番丁29-3 | 영업시간 10:00-18:00 | 휴일 수
홈페이지 www.oneoneotta.com | 전화 076-255-3021

팔러코후쿠

신타테마치의 종점

パーラーコフク

Parlour KOFUKU

'팔러코후쿠'는 느즈막한 오후에 다른 상점을 둘러보고 이른 저녁에 와도 좋을 주점입니다. 16명 정도면 꽉 찰 크기에, 벽면에는 여러 술병이 정보와 함께 걸려 있습니다.

화장실에 가는 길에 다른 상점 명함과 소식이 잔뜩 보였습니다. 가나자와의 소형 상점들은 대부분 다른 가게의 명함과 소식지를 '열심히' 배포하는데, 작은 지역에서 개인적인 공간을 운영하는 사람들끼리의 끈끈한 연결고리 같았습니다. 열심히라고 쓴 이유는 어떤 가게에서는 주력 상품보다 눈에 띄는 자리에 놓여 놀랐기 때문입니다.

그 명함들이 모여 하나의 이동경로를 만들기도 하고, 어떤 가게를 추천하는지 관찰하면서 주인장의 취향을 슬쩍 짐작하기도 하고, 바로 다음 날 일정이 끝나는 전시 정보를 얻기도 합니다. 명함은 두꺼운 간판을 얇게 잘라 나눠주는 것 같단 생각을 자주 하는데요, 외로운 간판의 가게들이 인쇄물로 함께 모여 있어 덜 외로워 보였습니다.

작고 저렴한 안주가 많아 이것저것 주문했습니다. 감자 샐러드, 야채 절임, 앤초비 올리브, 훈제 세트(꼴뚜기, 고등어, 구운 단무지), 나폴리탄 스파게티…. 시켜도 너무 시켰죠. 하지만 하나같이 적당한 양이라 번갈아 먹기 좋았습니다. 이곳에서 직접 만든 진저 비어를 마셨는데요, 배가 부르지만 않았어도 주량 이상으로 마셨을 듯합니다.

10년째 운영중인 팔러코후쿠에서는 안주보다 술을 먼저 고르는 쪽을 추천합니다. 왜냐하면 주인장 역시 팔 술을 먼저 고르고 그에 맞는 요리를 만든다고 하니까요. 주인장은 술을 워낙 좋아하는 사람입니다. 한국에서 왔다고 하자마자 "막걸리!"라고 외치는 주인장의 머릿속에는 각국의 술이 국기처럼 나부낄지도 모른다고 상상했을 정도입니다. 신타테마치 여행 마지막 코스로 제격입니다. 지금도 진저 비어의 쌉쌀한 생강 향과 감자 샐러드의 부드러운 식감이 떠오르네요.

◀ 가나자와 역

N

4

가나자와
코마치

사유

이나사

이와모토
키요시 상점

루구

히가시차야 거리

콜라본

니와토코

쿄우미 카이

오미초 시장

다이쿠니즈시

하치

쿠무

오요요쇼린
세세라기
도오리점

니구라무

프라자 미키

히라미판

아사노 강

글로이니

스크로 룸
액세서리즈

겐로쿠엔

시라사기

팩토리
줌머/갤러리

타와라

가나자와
21세기 미술관

아카기

나카무라
기념 미술관

스즈키
다이세쓰관

신타테마치

원원오따

니기니기

조-하우스

비스트로
유이가

미나 페로호넨
가나자와

타프타 키쿠

이시비키 퍼블릭

와카바

갤러리
노와이요

오요요쇼린
신타테마치점

사이 강

후쿠미츠야

벤리스 앤 잡

팔러코후쿠

카피레프트

팩토리 줌머/숍

200m

가나자와의
인상

가나자와가 어땠느냐고 물어보면 먼저
떠올릴 곳들이 있는데요. 미디어에 요란하게
소개된 것도 아니고 특산품과도 거리가 멀지만
이상하게도 가나자와의 인상을 결정짓는,
개인들의 단단한 힘이 쌓인 공간입니다.
지금 이 지역이 어디로 흘러가는지에 관한
대답이 여기 있습니다.

키쿠

사유

키쿠와
사유

한계를 지우는
압도적인 장식

KiKU, sayuu

가나자와는 작은 지역이라 아사코 씨와 함께 다닐 때 뜻밖의 일을 자주 겪었습니다. 카페에 들어가면 옛 친구가 일하고 있다든지, 이쪽 거리에서 마주쳤던 사람을 저쪽 거리에서도 마주친다든지, 지나가던 사람이 부모님 안부를 묻는다든지. 한번은 동창회에서 돌아오는 어머니와 번화가에서 마주치기도 했습니다.

아사코 씨의 소개로 만난 가나자와 사람들은 하나같이 밝고, 친절하고, 무언가에 열중하는 모습이었어요. 무감각한 친절이나 형식적인 밝음이 아니라 모두 다른 얼굴로 섬세하게 웃었습니다. 스스로 몰입할 일을 찾고 또 그 일로 사람들과의 접점도 잔뜩 생긴 사람들 특유의 단단한 인상이었어요.

　자신의 고향인 가나자와에 금속 공예 상점 두 곳 '키쿠 KiKU'와 '사유sayuu'를 운영하는 타케마타 유이치 작가 역시 마찬가지였습니다.

　'키쿠'는 밝은 벽이 높이 뻗어 있어서 좁지만 좁아 보이지 않았어요. 벽과 가구에 진열된 액세서리를 보다가 공간이 더 클 필요도 없겠다고 생각했습니다. 좁아도 있을 것이 각자의 자리에 있어 결국 좁지 않은 가게를 좋아합니다. 배치와 진열의 묘랄까요. 장신구를 더 돋보이게 할 설정을 할 법도 한데, 그런 것 하나 없이 척척 걸린 모습이 인상적이었어요. 그러면서도 작고 반짝이는 예쁜 것이 하얀 벽에서 빛과 만나 차분히 빛나고 있습니다.

　이번에는 더 좁고 더 어두운 사유에 가봅시다. 사유에서 판매하는 도구 중 은수저와 포크는 키쿠에도 있는데요, 공간의 분위기에 따라 전혀 다르게 보여 신기했습니다. 키쿠가 좀 더 공적인 공간이라면 사유는 보다 사적인 곳입니다. 타케마타 유이치 씨 개인이 온전히 관리하고 다듬은 느낌이랄까요? 키쿠에서는 작가의 공방이 문으로 가려져 있다면, 사유에서는 작업 공간을 누구나 그대로 볼 수 있어 더 그렇습니다.

입구도 그렇게 다릅니다. 키쿠는 긴 골목에 환하게 자리 잡아 누가 보아도 액세서리 가게라는 걸 알 수 있다면, 사유는 집중하지 않으면 언뜻 지나치기 쉬운 모습입니다. 찾아간 날도 "바깥에 특별히 간판이 없네요?" 하고 물으니 "아, 있긴 있어요"라며 그제야 간판을 내거는 모습이 재밌었습니다. 간판을 내어 거는 것, 사람들이 이 가게를 찾아오게 유도하는 일이 부차적으로 느껴졌어요. 불친절하다는 게 아니라 이미 이곳을 충분히 아는 사람들과 자신의 작업 공간을 지키는 데 더 많은 힘을 쏟는 사람입니다.

사유의 아름다운 사물들을 감상하다 문득 궁금해졌습니다. 작지만 튼튼한 모습을 뽐내는 칼, 수저, 포크가 쓰이는 모습을 떠올렸어요. 쉽게 구매할 수 있고 쓰기에도 편한 포크는 언제 어디에서나 살 수 있죠. 10개들이로도, 브랜드를 모른 채 온라인 몰에서 살 수도 있습니다. 대량 제작된 도구는 그만의 역할이 있죠.

타케마타 유이치 씨의 도구는 어떤 역할을 맡게 될까요? 실생활에 쓰일 물건을 만들면서 그는 어떤 생각을 할까요. 뻔한 도구보다 더 쓸모 있길 바랄까요, 그 반대일까요, 그런 비교 자체를 하지 않을까요. "스스로 쓰기 편한 쪽으로 도구를 만드나요?"라고 물었을 때 그는 "저는 쓰임

보다 의장^{ﾎﾟﾎﾟ}을 중요하게 여깁니다"고 답했는데, 그 대답이 이상할 정도로 오래 기억납니다.

책상에 앉아서 글을 쓰다가 종종 창문 앞에 모모미 씨의 수집품들을 바라볼 때가 있는데요, 유리 화병이라든가 돌, 구슬 같은 것들요. 그때 큰 쓰임이라곤 없지만 극히 아름다운 사물은 바라보는 즐거움을 통해 또 다른 쓰임을 얻는다는 생각을 자주 합니다.

장식은 때때로 부차적인 것, 무가치한 것으로 매도되지만 압도적인 장식은 그들만의 방식으로 우리 삶을 돕습니다. 도구임에도 우선 최선을 다해 아름다워야 한다는 생각이 키쿠와 사유 전체에 스며 있습니다. 미세하게 세공된 물건을 하나하나 들여다볼 때 그 아름다움의 한계선을 조금이라도 더 뚫고 나아가려는 마음이 느껴집니다. 손에 착 붙는 실용적인 도구도 물론 필요하지만, 이처럼 그저 아름다운 사물을 구매하고 감상하고 사용할 때 다소 다른 차원으로 마음이 둥글둥글해집니다.

책상 위라든가, 책장에 놓인 좋은 책들이라든가, 신발을 신을 때 눈이 가는 곳에 매번 다른 각도로 마음을 녹일 아름다운 물건을 두고, 그것을 바라보는 것만으로 충분히 안도합니다. 이런 사소한 아름다움이 나를 지키고 있다고 생각한 적이 있습니다. 얇은 금속이지만 그것이 나를 나로 단단하게 지탱해줄 때도 있습니다. 작가 스스로 눈치채지 못해도 어쩌면 이들 공예품은 누군가의 시각과 마음을 아름답게 지탱하는, 자신의 몸보다 몇 배로 거대한 역할을 합니다.

키쿠

주소 金沢市新竪町3-37 | **영업시간** 11:00-20:00 | **휴일** 수
홈페이지 www.kiku-sayuu.com | **전화** 076-223-2319

사유

주소 金沢市東山1-8-18 | **영업시간** 월화목10:00-16:00,
금토일11:00-18:00 | **휴일** 수 | **홈페이지** www.kiku-sayuu.com
전화 076-255-0183

키쿠, 액세서리가 핵심인 청량한 공간.

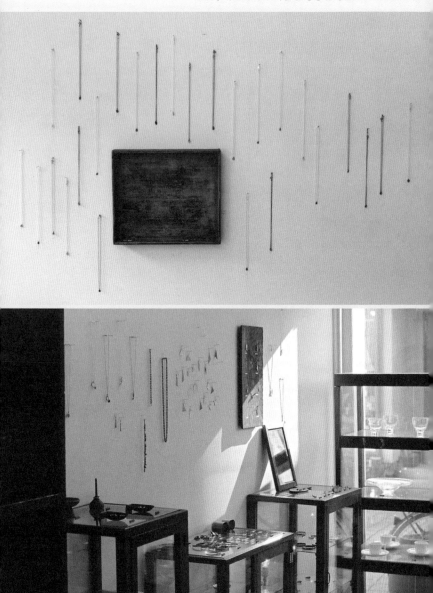

사유, 작가 개인의 시선에 몰입하는 공간.

니구라무

오래 팔리는 물건을
팝니다

niguramu

'니구라무'에 도착했을 때 예리한 금색 간판을 보고 공예품 가게가 아닐까 생각했습니다. 니구라무를 그저 편집매장이라 칭하긴 애매하고 일본에서 만들어진 아름다운 사물을 모으는 곳이라 말하고 싶습니다. 공예품, 식기, 액세서리, 문구, 인테리어 소품, 책이 넓지 않은 공간에 효율적으로 진열되어 있습니다.

작은 가게는 공간의 한계에 몰리지만 주인장의 성향과 배치법에 따라 전혀 다른 밀도가 생기죠. 유어마인드 책방지기로서 가장 욕심 나지만 아직 미숙한 것이 밀도를 만드는 법입니다. 그에 반해 밀도가 높은 가게에 가면 시야와 높이에 따라 발견되는 제품이 다 달라서 같은 동선을 몇 번이나 반복하게 됩니다. 아까 왔을 땐 펜만 보였는데 다시 와 보니 그 펜을 담는 나무 상자도 보이는 식이죠. 니구라무는 실제 공간 규모보다 몇 배로 밀도가 높습니다. 쌓아야 하는 것, 놓아야 하는 것, 걸어야 하는 것, 부착해야 하는 것을 정확히 구분합니다. 그릇을 쌓기 위해 만든 철선반 모서리에 빗자루를 거는 식이죠. 그래서 내부를 빙글빙글 스무 바퀴 정도 돌았는데 그때마다 사고 싶은 물건이 새로 보이는 겁니다. 지쳐서 혹은 이제 다 발견해서가 아니라 지갑이 위험해서 그만 돌기로 했습니다.

신제품이 들어오는 주기가 굉장히 길어서 좀 놀랐습니다. 이유를 물어보니 한 가지 물건을 들여오면 최선을 다해 오래 판매하는 걸 목표로 한다더군요. 새로운 제품이 계속 입고되면 자연히 오래된 물건은 뒤로 밀리기 마련이죠. '신규 입고', '베스트셀러', '스테디셀러' 중 어디에 초점을 맞출지 혹은 어디에도 초점을 맞추지 않을지 고민할 때 니구라무는 스테디셀러만으로 가게를 채우려는 곳입니다. 다른 곳에서 외면받더라도 주인장의 감각을 믿는 사람들이 모여 이곳만의 스테디셀러를 만듭니다.

어떤 제품을 이곳에서 팔지 말지 판단할 때도 '지금 얼마나 반짝 팔릴 것인가'가 아니라 '꾸준히 팔기에 적합한가'를 고려하겠죠. 가나자와 옆 도야마 현에서 만드는 철주전자를 팔기도 하고, 화려한 문양을 입히기 전 백색 상태의 그릇을 특별히 들여오기도 합니다. 오늘 이 가게에 무엇이 새로 들어왔는지보다는 주인장이 중요하게 생각하는 걸 손님도 기억했다가 필요한 시간, 필요한 곳에 쓰는 쪽입니다. 선물을 고르기 좋은 곳이라고 생각했어요. 파는 사람도, 사는 사람도 그 쓰임을 확신하는 선물이 오래 남더라고요.

　유명하지 않은 브랜드나 제품도 대담하게 선별한다고 하는데, 각 브랜드의 앞뒤 맥락이나 인지도를 모르는 이방인에게는 모두 평등하게 보였습니다. 가볍게 들어갔다가 다들 손에 뭔가 하나씩 들고 나왔습니다. 가게를 나오면서 벽면에 부착한 포스터를 보다가 압정이 20도 정도 사선으로 박힌 모습이 신기해서 살펴보니 모든 압정을 그렇게 붙였더라고요. 떼어 내기 편하면서 네 귀퉁이가 볼록 튀어나와 최소한의 액자가 되는, 멋진 방법입니다. 그렇게 사소한 감각 수십, 수백 개가 이 가게 속에 자잘히 펼쳐져 있습니다. 2개월 후에 방문해도 구성은 비슷하겠지만 어떤 사물을 꼭 필요로 할 때면 여기로 올 것 같습니다. 열심히 모은 돈으로 작고 단단한 철주전자를 사러 다시 오겠습니다.

주소 金沢市高岡町18-13 | 영업시간 11:00-19:00
휴일 화 | 홈페이지 www.niguramu.jp | 전화 076-255-3546

입구 전경. 현관에 높이 차이가
있는데도 어색하지 않게 꾸몄습니다.

스크로 룸
액세서리즈

쌀 농사꾼과
그의 빈티지 가구점

SKLO room accessories

종종 전혀 다른 직업을 택했다면 어땠을지 상상합니다. 체스 선수라든가, 지도 제작자라든가, 요가 강사라든가, 보험설계사, 부동산 중개업자도 떠오릅니다. 무엇을 잘하고 못했을지 가정해봤자 지금 제 입장으로 꾸며진 공상에 불과할 테니, 그저 어떨지 생각합니다. 하루 일과가 어떻게 달라졌을지, 외모가 어떻게 달라졌을지, 말투와 습관이 어떻게 달라졌을지. 사람들과의 관계도 사는 공간도 달라지겠죠. 어쩌면 직업 하나만 바뀌고 모든 게 지금 그대로일 수도 있습니다. 모르는 일이죠. 그래서 모르는 영역으로 가끔 들어가 보고 싶습니다.

좁은 골목을 걷다가 아주 낡은, 하지만 장식용은 아닌듯 오래된 자전거를 발견했습니다. 무엇보다 쇠를 꼬아 만든 거치대가 특이했어요. 그 자전거 맞은편이 '스크로 룸 액세서리즈'입니다. 주인장이 직접 쓰는 자전거더군요. 자신이 사용하는 물건이자 이 가게에서 취급하는 희귀한 사물을 마치 입간판처럼 놓은 감각이 멋졌습니다. 주방에서 자신이 매일 만드는 요리를 너무나 맛있게 먹는 주방장을 볼 때 신뢰 포인트가 올라가는 기분과 비슷하달까요.

빈티지 가구점 스크로는 값비싼 고가구 가게와는 달리 조명, 가구, 주얼리, 책, 액세서리, 자전거, 인쇄물 등 여러 분야 제품을 판매합니다. 넓지 않은 공간에 얼마나 조밀하게 배치해 놓았는지 빈티지 가구 위 빈티지 티팟을 비추는 빈티지 조명이 공간을 절약하며 능숙하게 비치되어 있습니다. 창고라기엔 아름답고 쇼룸이라기엔 차곡차곡 빽빽하죠. 앞선 가게들처럼 평소 눈높이로 좁은 통로를 한 바퀴 돌 때와 위 혹은 아래를 바라보며 한 바퀴 돌 때 발견하는 제품이 각각 달랐습니다.

도무지 구매해 가져갈 수 없는 크기와 금액의 가구도 있지만 제작을 의뢰해 받는 조명부터, 자체 디자인으로 만든 전구 모양 화병까지 금액대도 크기도 꽤 범위가 넓습니다. 고급 고가구점에서는 가구와 나의 거리만 재확인하는 씁쓸함이 있다면 이곳은 그렇지 않죠. 주로 체코, 독일의 오랜 가구와 제품인데요, 그곳의 표현 방식이 주인장과 맞고, 다른 곳들을 넓게 탐색하기보다는 그 나라의 제품만 파고드는 편이라고 합니다. 이제는 형태와 양식만 보아도 몇 년도 작품인지 알만큼 전문가인데도, 빈티지 소품을 사러 갈 때면 아직도 못 본 가구가 많다고 합니다.

　그런데 대화하는 도중에 느닷없이 "쌀농사를 짓다 왔다"고 하는 겁니다. 잠깐 생각이 멈췄습니다. 취미로 마당에 벼농사를 하는 걸까 생각했는데, 웬걸 큰 논에서 브랜드 쌀 '스쿠로skuro'를 만들어 일본은 물론 다른 나라로 수출도 한다고 해요. 그러니까 오전에는 농사를 짓고 오후에는 빈티지 가구를 판매하는 사람입니다.

　서로 너무 이어지지 않는 일이라 머릿속에서 어색하게 꼬였습니다. 전부터 서로 연결된 일을 해야 편하다고 생각해왔기 때문이에요. 서점과 출판사와 아트북페어로 어떻게든 제 일의 고리를 만들며 지내오다 쌀과 빈티지 가구를 어떻게 이을지 몰라 낯설었습니다. 그는 두 가지의 연결점을 가지고 있을 거라고 생각했어요. 그런데 그는 너무 다른 일이 맞다며, "다른 일이지만 그래서 다른 시간에 하면 됩니다"라며 밝은 표정으로 말했어요. 완전히 다른 일이어서 어쩌면 오전에는 빈티지 가구 생각을 안 할 수 있고 오후에는 벼농사 생각을 안 할 수 있을지도요.

이곳저곳 구경하는 우리에게 주인장이 위층도 보겠냐고 제안했습니다. 좁다란 계단을 오르니 또 새로운 물건이 예쁘게 펼쳐졌습니다. 오랜 사물들이 바닥에 놓여 있어서 혹시 밟을까 조심스럽게 걸었어요. 스크로 룸은 빈티지 가구를 촬영용으로 대여하거나, 공간디자인을 맡기도 하는데 그럴 때 이곳에 올라와 뭐가 좋을까 찬찬히 고르는 주인장을 상상했습니다.

이곳에서 모모미 씨는 전구 모양 화병을 몇 샀습니다. 수납함이나 화병은 제 공간에 온 이후에도 어디에 놓을지, 무엇을 담을지 계속 즐거운 고민을 하게 만듭니다. 가구도 상점도 직업도 마찬가지죠. 무엇을 어떻게 담을까요. 스크로 룸은 그런 상상을 자꾸 할 수 있는 곳입니다.

주소 金沢市香林坊2丁目12-35 | **영업시간** 11:00-19:00 | **휴일** 수
홈페이지 www.sklo.jp | **전화** 076-224-6784

빈티지 가구와 조명 사이에
작은 소품만을 위한 진열대가
빛을 발합니다.

이 부분만
별개의 가게라고 해도
좋을 정도로요.

2층으로 올라가는 길에 스쿠로 브랜드의
쌀이 진열되어 있습니다.

문의 후
가능

글로이니

다국적 잡화점

Gloini

갤러리 겸 숍 '글로이니'의 핵심은 잡화점으로, 그릇, 가구, 거울, 가방, 패브릭 등을 판매합니다. 특정 시기나 나라에 집중하지 않고 운영진들이 흥미로워하는 물건을 수집하고요. 네팔, 아프리카, 영국 등 다양한 국가에서 모인 사물들이 가게를 빼곡히 채웁니다. 그래서 사람에 따라 가구점에 가깝게 느낄 수도, 잡화점에 가깝게 느낄 수도 있겠습니다.

전시는 가끔 열리는데 놓인 가구들과 잘 어울리는 작품 위주로 선별한다고 합니다. 지난 전시 작품이 하나 걸려 있었는데, 공간과 일체감을 이루고 있어서 원래 걸려있는 그림인 줄 알았어요. 주인장은 다른 지역에서 가구점을 하다, 고베에서 서점을 운영했고, 가나자와로 돌아와 글로이니를 열었습니다. 서점은 꽤 있으니 이런 종류의 잡화점이 필요하겠다 싶어 만들었다고 합니다. 자신이 할 수 있는 일과 지역이 필요로 하는 일을 동시에 고려해서 뭔가 만들어낸 것이 인상적이었어요.

1층 잡화점은 판매할 제품으로 가득한 반면, 2층 갤러리는 텅 비어 있어서 대조적인 두 공간을 비교하는 것도 재미있었습니다. 전시는 짧게는 열흘, 길어도 2주가량만 진행하니 홈페이지에서 전시 내용을 확인하고 들러도 좋겠습니다.

벽면을 장식한 종이 작품들과
천, 액자가 유독 더 눈에 들어왔습니다.

히라미판

가나자와 주민에게
확인받은 공간

ひらみぱん

hiramipan

빵집이자 비스트로 '히라미판' 앞에 잠깐 서 있었습니다.
그때 있었던 귀여운 에피소드입니다. 자전거를 타고 그곳
을 지나던 할머니가 우리 셋이 우두커니 선 모습을 본 거
죠. 우리가 '여길 들어갈까 말까' 고민하는 줄 알았나 봅니
다. 속도를 전혀 늦추지 않은 채 "히라미판 맛있단다~"라
는 말을 던지며 훅 지나갔습니다. 물결 기호가 꼭 필요한
악센트로 말했습니다. 할머니의 말이 얼마나 단호했던지
바로 들어가고 싶어졌습니다. 들어가기도 전에 동네 사람
에게 확답 받았으니까요.

 이곳은 옛날 철공소 건물을 개조해 2011년 만들어졌습
니다. 좌석으로 안내 받기 전 빵 진열대가 먼저 보이는데,

짙은 갈색 팥빵이 하나 남은 게 눈에 들어왔습니다. 팥빵을 워낙 좋아해서 하나 남은 빵을 기대하며 줄을 섰습니다. 하지만, 하지만, 앞 사람이 쏙 하고 팥빵을 골라서 슬펐어요.

  아침 세트만큼 인기 있는 점심 식사는 4시까지 가능합니다. 예약이 꽉 차기도 하고 기다릴 때도 있다니 다소 늦은 시간인 2시 이후를 노리면 좋겠습니다. 빵, 스프, 메인 요리의 구성으로 메인을 무엇으로 고르는지에 따라 가격이 달라집니다. 저는 소고기를 고를까 고민하다 돼지고기를 골랐어요. 먼저 야채 스프와 빵이 나왔습니다. 빵집이라 빵 맛이 보장되니 마음이 놓입니다. 다른 레스토랑에서는 빵이 소홀하거나 그날그날 달라질 수도 있는데 빵집에서 만드는 빵이니 이곳의 핵심이나 다름없죠.

  넓은 접시에 담긴 미네스트로네가 인상적이었습니다. 너무 묽지 않을까 고민하다 호로록 떠먹어 보니 산뜻해서 계속 떠먹기에도 빵에 찍어 먹기에도 적당했습니다. 첫인상을 모두 육수 국물과 토마토가 가져가는 것 같지만 먹을수록 양배추와 양파가 머리에 남습니다. 먼저 다 먹을지 메인과 함께 먹기 위해 남겨 둘지 고민했어요.

  각자 메인 요리가 나왔습니다. 키슈 세트가 일반적인데

요, 감자와 양파를 넣은 키슈가 얼핏 메인일 수 있나 싶지
만 샐러드, 오리고기를 곁들여 먹다 보면 금방 배가 부릅
니다. 제가 메인으로 주문한 돼지고기 구이가 딱 적당해서
다시 가더라도 소고기 스테이크를 무시하고 돼지고기 구
이를 시킬 겁니다. 겉을 튀길 듯이 바짝 굽지만 안쪽은 물
기가 눈에 비칠 정도로 촉촉합니다. 색의 구성과 재료를
놓는 방향을 무척 신경 쓴 것이 분명한 플레이팅도 하나하
나 먹는 재미를 줍니다.

작고 단단한 빵을 뜯어 우물우물거리며 아침 식사를 잘
하는 빵집이 집 근처에 있다는 건 꽤 축복일 거란 생각을
했습니다. 전 평생 아침을 자주 거르거나 대충 먹어서 그런
지 여행지에서 아침 식사를 하는 순간이 가장 이국적이고
특별합니다. 그럴 필요 없는데도 일찍 일어나 유명한 조식
과 커피를 느긋하게 먹을 때요. 히라미판 근처에 살다 허술
한 차림으로 아침 식사를 한 뒤 간식으로 먹을 빵 두어 개
를 골라 집으로 향하는 기분을 상상해보았습니다. 상상 속
인물이 될 수는 없지만, 상상만으로도 좋았습니다.

주소 金沢市長町1-6-11 | 영업시간 아침 8:00-11:00, 점심 12:00-16:00,
저녁 18:00-22:30, 빵집 8:00-소진 시 종료 | 휴일 월
홈페이지 www.hiramipan.com | 전화 076-221-7831

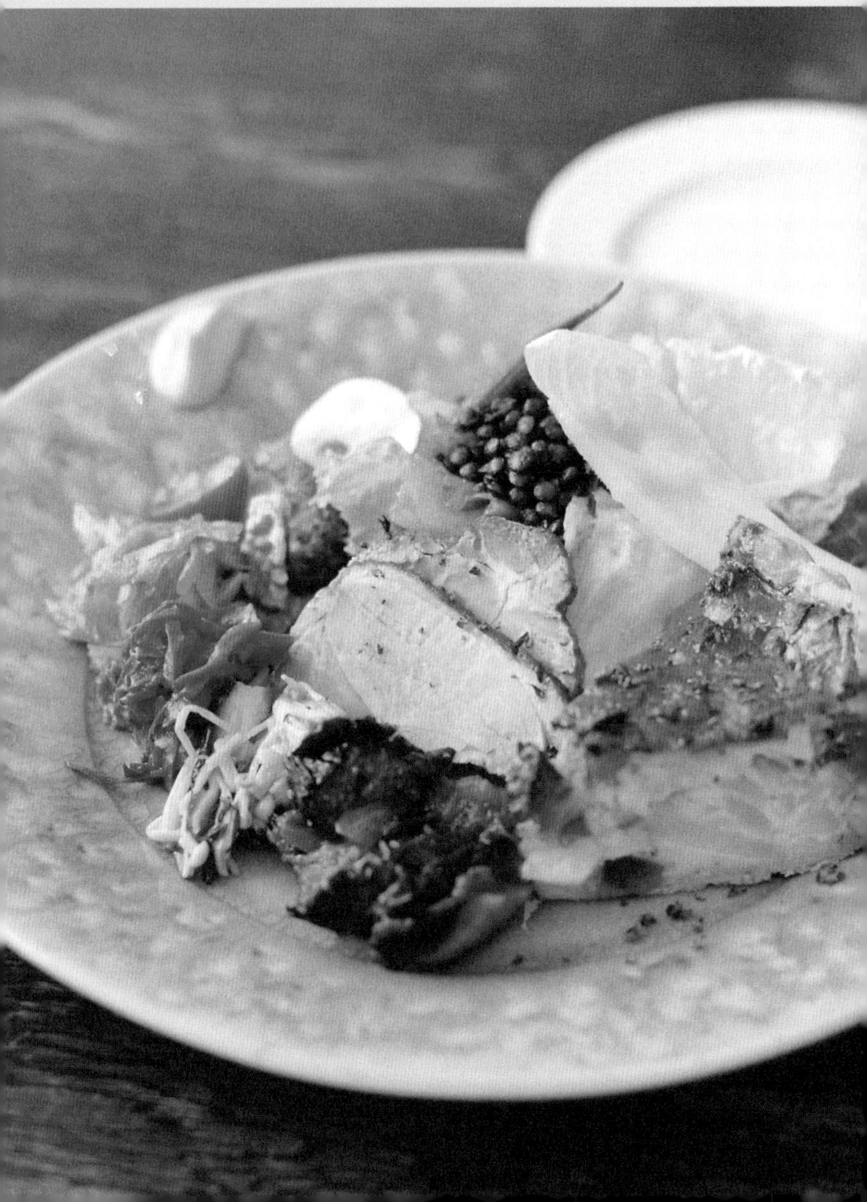

오요요쇼린
세세라기
도오리점

누군가의 책이 잠깐
지내는 곳

オヨヨ書林せせらぎ通り店

OYOYO SHORIN Seseragi

헌책방 오요요쇼린은 가나자와에 지점이 두 곳 있는 소형 서점입니다. 하나가 본점, 다른 하나가 분점이라고 생각하기 쉽지만 그렇지 않습니다. 다른 사장이 각자 운영하고 있습니다. 서로 핵심으로 삼는 장르도 달라서 이곳 세세라기도오리점에는 많은 분야를 두루두루 다루면서 문학 서적이 많고 저곳 신타테마치점에는 예술, 언더그라운드 분야 책이 많습니다.

　서점에 들어가면 고서와 동화책이 이리저리 쌓여 있고 안으로 들어갈수록 잡지, 음반, 소설책 들이 보입니다. 몇 분 되지 않아 '아, 좋은 헌책방이다' 생각했습니다. 책은 모두 종이로 만들어지지만 두께와 크기와 촉감과 무게가 다 달라서 완벽하게 정리되지 않습니다. 균일한 문고본이 많은 국가라 해도 크게 다르지 않습니다. 차갑도록 깔끔한 서점이나 헌책방을 본 일이 없고, 책방은 정제된 공간이라기보다는 무엇이든 쌓아 올리는 공간이죠.

벽면이 아닌 중앙에 놓인 낮은 책장들에는 바퀴가 달렸습니다. 그걸 보고 두리번거리니 아니나 다를까 한쪽에 의자가 차곡차곡 보관되어 있습니다. 이벤트도 더러 진행되는 곳이구나 싶었어요. 정중앙에는 피아노도 보입니다. 헌책방은 신간이 적어서 이벤트를 생각하기 쉽지 않은데 제본 수업, 영화 상영, 라이브, 작가 토크, 워크숍 등이 다양하게 열립니다.

손님은 동네 사람, 여행객, 한국 사람, 대만 사람, 서양 사람 등등 무척 다양하다고 합니다. 무슨 기준으로 책을 고를까 궁금해 물어보니 "좋아하는 책 위주보단 잘 모르는 책도 팔려고 합니다"라는 답이 돌아옵니다. 동네 사람이든 여행자든 단골이든 한두 번 어쩌다 찾아오는 손님이든 누가 와도 즐길 수 있는, 자신과 꼭 맞는 책 한 권을 사갈 수 있는 곳이죠.

사장 자신의 특정한 취향보단 책이라는 문화가 가진 넓은 안목에 집중합니다. 전국의 책이 가나자와에 모여 다

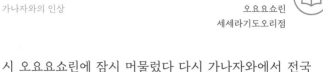
시 오요요쇼린에 잠시 머물렀다 다시 가나자와에서 전국으로, 그리고 다른 나라로 흩어집니다. 지금 제 책장에 꽂힌 책 한 권은 하필 오요요쇼린의 그곳에 놓여 있었고 제 눈에 띄어 이곳까지 오게 된 거죠. 운명까지는 아니더라도 작은 이유는 있다고 생각합니다. 그 이유를 밝히는 것은 독자의 몫일 테고요.

타와라

한 곳만을 위해
가나자와에 다시
간다면

tawara

'타와라'를 어떻게 소개하면 좋을지 망설여집니다. 어느 곳을 여행할 때, 가는 김에 들르고픈 가게가 있죠. 갔다면 꼭들러야 하는 가게도 있죠. 그리고 아예 여행의 목적인 식당도 있겠죠. 저는 타와라에 또 들르기 위해 가나자와에 가고싶다는 생각을 종종합니다. 유일한 목적이었으면 합니다. 그럴 수만 있다면 비행기를 타고 타와라에서 저녁 식사를하고는 다음 날 아침에 돌아오고 싶습니다.

처음엔 저만 그런 줄 알았는데요, 그곳에 함께 다녀온 사람들이 하나같이 식사 중에 탄식처럼 "타와라에 가고 싶다…"고 읊조린다거나 이틀에 한 번 꼴로 떠올린다 하니 조금씩 다른 형태로 비슷한 열병을 앓게 되나 봅니다.

타와라는 2012년 문을 연 예약제 프렌치 레스토랑입니다. 가나자와 한복판에서 먹는 프랑스 요리라니 언뜻 상상이 가지 않았어요. 그리고 이때까지 '예약제', '프랑스', '레스토랑'을 괜히 멋쩍어 했습니다. 어렵고 스스로 잘 어울리지 못할 거라고 생각하고 가본 적도 없으면서 지레 겁먹었죠. 이곳에 들어가면 예약제라든지, 프렌치라든지, 레스토랑이라든지, 단어에 얽매이는 생각을 아예 안 하게 됩니다. 보편적인 범주에 맞춰 사고하지 않고 이 가게에 집중하게 됩니다. 그런 가게가 좋아요. 좋은 주점에선 요새 주점의 흐름이나 유행을 떠올리지 않고 지금 이 순간의 맛을 보느라 정신이 없죠. 다른 걸 떠올릴 새가 없어요. 지금 혀가 느끼는 이 감각이 중요하니 다른 생각을 멈춰 버립니다.

일곱 명이 앉는 카운터 자리와 테이블 둘이 전부입니다. 예약제 식당이기 때문에 여행자에게 어렵고 귀찮은 도전일 수 있죠. 여행은 익숙한 생활과 달라서 10분 거리를 10분 만에 갈 수 없잖아요. 어딘가 처음 갈 때는 가는 시간보다 돌아오는 시간이 더 단축되는데, 그 짧은 사이에 몸과 눈이 길을 익혀 그럴 테죠.

여행자는 모든 곳이 처음이라 시간이 더 걸리고 신경과 체력을 더 씁니다. 그곳에 사는 사람이라면 아무렇지 않을

논리를 아직 학습하지 못해 이리저리 헤맵니다. 그런 중에 예약을 하고 그 시간에 맞춰 가야 하니 여간 까다로운 일이 아니죠. 다만 꼭 전화예약을 해야 하는 건 아니니 공식 사이트(tawara-kanazawa.jp)의 온라인 예약 메뉴를 이용할 수도, 점심 시간에 들러 저녁 시간이나 다음 날 일정을 예약할 수도 있습니다. 혹은 호텔 프론트에 부탁해 전화예약을 하는 것도 방법입니다. 저 역시 타와라에 들어가기 전에 '꽤 까다로운 일'이라고 생각했다가 나올 때는 '열 배 더 까다로워도 좋다'고 다짐하듯 생각했어요.

아사코 씨의 서예 작품을 구매한 일을 계기로 이곳 사장 겸 쉐프 테츠야 씨와 아사코 씨가 서로 알게 되었다고 합니다. 점심 코스 한 종류, 저녁 코스 한 종류이기 때문에 음료를 골라 주문하면 바로 코스 조리를 시작합니다.

일본에서는 바 자리를 카운터라고 부릅니다. 식당 중에는 특별히 카운터 자리에 앉을 필요가 없는 곳과 꼭 앉으면 좋을 곳이 있는데 타와라는 후자입니다. 고를 수 있다면 카운터에 앉아 쉐프의 움직임에 따라 요리의 모양과 맛을 상상하며 상상이 깨지는 즐거움까지 맛볼 것을 추천합니다.

한번에 최대 15명까지 들어올 수 있는 레스토랑이지만 요리는 쉐프 홀로 합니다. 그래서 카운터에 앉으면 적절히 배치된 주방에서 한 사람이 자신의 능력을 잠깐 극한으로 끌어 올려 모든 걸 장악하는 모습을 보게 됩니다. 첫 번째 요리를 만들며 밑간을 해둔 고기가 마지막 주요리에 쓰이고 그 고기를 오븐에 굽는 동안 다른 테이블의 세 번째 요리를 만드는 식입니다. 우리가 갔을 때 점심 코스로 네 팀을 받았는데, 다 다른 타이밍으로 조리하면서 다음 순서가 오래 걸린다는 느낌을 받지 못했습니다. 후에 "어떻게 그렇게 할 수 있죠?" 물으니 그는 "매일 하니까요"라고 담담히 답했습니다.

첫 번째 전채로 모나카용 과자에 다진 오이와 은어 무스를 담은 요리가 나왔습니다. 그릇 위에 아주 작은 자갈을 담고 그 위로 과자, 은어 무스, 오이 순입니다. 세 번 나눠 먹으면 그만인 애피타이저를 낼 때 택할 수 있는 멋진 방법이라고 생각했습니다. 한 손으로 모나카를 조심스럽게 잡아 깨물면 경쾌한 소리로 과자가 부서지면서 은어와 오이가 입안으로 들어옵니다. 입속에서 한 번 다시 깨물자마자 저와 모모미 씨 모두 고개를 숙이고 웃었습니다. 그 순간, 타와라의 모든 인상은 결정되었을지 모릅니다.

지금까지 모나카를 베어 물었을 때 그 속에 든 것이 묵직한 팥이나 밤 페이스트였다면, 이 요리는 생선 무스가 무게를 잃지 않으면서 오이의 가벼운 수분 때문에 비리거나 한쪽으로 치우치지 않습니다. 처음에는 작은 사이즈가 원망스러웠는데, 생각해보면 애피타이저가 할 수 있는 최상의 역할이 아닐까 합니다. 혀와 머리에 가느다란 자극을 주고 다음을 기대하게 만들죠.

다음부터 메인 코스가 이어집니다. 타와라에서 처음 먹어본 재료는 없습니다. 양배추, 견과류, 무, 감자, 옥수수, 농어, 파, 호박, 돼지고기. 모두 너무나 익숙한 재료들입니다. 그런데 거의 모든 접시가 그만의 맛을 지니고 있습니다. 사전을 찾아야 알 법한 어휘로 화려한 문장을 구사하는 미문가가 있다면 타와라는 초등학생도 이해할 수 있는 단어만으로 생전 본 적 없는 문장을 만듭니다. 가나자와 일식집에서 3년, 프랑스에서 3년, 교토의 프랑스 요리점에서 4년 반 일하며 요리를 배웠다고 하더군요. 10년이란 시간 동안 각기 다른 스타일의 가게에서 습득한 체계를 자신의 것으로 소화시킨 결과물을 마주하는 셈입니다.

타와라의 힘은 조합과 조화에 있습니다. 오븐에 구운 양배추를 래디시와 함께 먹을 때도, 홀란데이즈 소스가 듬뿍 올라간 야채와 삶은 감자를 먹고 절대로 소스를 따로 먹지 않는 제가 빵에 묻혀 남김없이 먹을 때도, 농어 구이를 입

속을 바짝 굽지 않은 품질 좋은 돼지고기가
부드럽게 씹힙니다. 만드는 광경을
처음부터 보았으니 그 감흥이 더 큽니다.

안에 넣고 연이어 옥수수, 파, 호박을 먹을 때도, 마지막 돼지고기 구이를 먹을 때도 그랬습니다. 겉도는 재료 하나없이 서로 향과 맛을 훼손하지 않는 선에서 적당히 섞입니다. 이게 어떻게 가능한지 잘 모르겠지만, 분석하기보다는 영문을 모른 채 계속 먹고 싶습니다.

구색 맞추기가 없고 낭비가 없습니다. 저와 모모미 씨와 아사코 씨 모두 요리가 나오면 그 요리가 담기기 전 깨끗한 접시 상태가 되도록 긁어 먹고 아쉬움을 뒤로 한 채 다음 접시를 기다렸습니다. 그러고는 요리를 먹는 내내 그 요리에 관해서만 이야기합니다. 지금 당장 이 감상을 서로 털어놓지 않으면 안 되는 사람들처럼요.

감자와 돼지고기 요리의 플레이팅이 유독 일본 정원과 닮았다고 생각했습니다. 소스와 야채로 굵직한 구도를 잡는 게 아니라 정원을 만들기 위해 잘 고른 땅처럼 둥근 접시를 사용합니다. 전채를 장식한 조약돌이 그런 인상을 더 이끌어냈는지도 모르겠습니다.

이시카와 현의 품질 좋은 고기를 표면만 바짝 굽고 다시 오븐으로 익힌 돼지고기 로스트까지 먹으면 물수건을 다시 한 번 내어줍니다. 콩가루를 뿌린 차가운 녹차 젠자이에 이어 커피 혹은 차와 까눌레가 디저트로 나옵니다. 코스를 완성하기 위해 형식처럼 들어간 디저트가 아니라 디저트까지도 요리 하나입니다. 아사코 씨가 "이 까눌레 팬이 많아요"라고 말해줬는데, 프렌치 레스토랑에서 내는 마지막 디저트에 팬이 많다니 재밌고 당연한 일이라는 생각이 듭니다. 저도 바로 팬이 됐으니까요. 아, 굳이 고르라면 저는 차가운 콩가루 젠자이 쪽입니다. 디저트만 따로 팔아도 두 그릇씩 사 먹었을 겁니다.

　두 달에 한 번 정도 메뉴를 바꾼다고 합니다. 일식, 프랑스 본토 요리, 교토풍 프렌치의 경험이 뒤섞여 나온 요리의 독창성도 그렇고 주기적으로 메뉴를 바꾼다는 말에 생각이 꼬리를 물었습니다. 우리 셋은 왜 이곳에서 완벽한 점심 식사를 했던 걸까요. 더 유명한 곳, 더 값비싼 곳, 더 규모가 큰 곳과 무엇이 달랐을까요. 곰곰이 돌이켜보니 '철저히 배려하는 요리' 때문입니다.

　타와라의 음식은 자신의 독창성을 지나치게 뽐내거나 훈계하지 않습니다. 나의 감각을 자랑하는 데만 힘을 쏟지 않습니다. 손님이 가진 보편적인 미식 경험을 공격하지 않으면서 그 경험 자체를 바꿔놓습니다. 격식이 있지만 마음을 조르지 않고, 맛의 수준이 다르지만 어렵거나 복잡하지 않습니다. 정말 좋은 일이 있는 날 밤에 좋아하는 사람들과 평소 잘 마시지도 않는 와인을 곁들여 저녁 코스를 먹는 일을 상상했습니다. 좋은 일에 좋아하는 사람과 좋은 요리라니, 분명히 세 배로 좋은 시간이 되겠죠.

주소 金沢市片町 2-10-19 | 휴일 일요일, 목요일 점심, 월 2회 부정기 휴무
영업시간 점심 12:00-15:00(라스트오더 13:00), 저녁 18:00~23:00(라스트오더 20:00)
홈페이지 tawara-kanazawa.jp | 전화 076-210-5570

저녁에만   예약제

쿄우미 카이

소바를 둘러싼
다채로운 사치

蕎味 櫂
Kyomi Kai

가나자와에서 유명한 관광지로 손꼽히는 히가시차야 거리 끄트머리에 숨은 가게, '쿄우미 카이'는 소바를 핵심으로 하는 고급 가이세키 요리점입니다. 부부 두 사람이 운영하기 때문에 철처한 예약제에 한 번에 최대 열 명까지 들어올 수 있습니다. 히가시차야 거리가 늘 사람들로 북적거리지만 이곳에서 뭘 파는지 메뉴 모형 하나 없이 단촐한 상점명만 보입니다. 고객을 향해 다가오기보다 뒤로 물러난달까요. 이렇게 뒤로 물러나는 상점에 매료되고 더 알고 싶습니다.

유명한 거리 1층에서 홍보를 앞세우는 상점도 그 역할을 하듯 소극적으로 천천히 자신을 알리고 그에 동조하는 소수의 사람들을 위해, 사람들에 의해 입소문이 나면서 존재하는 상점 역시 분명한 역할을 합니다.

점심 코스가 개인당 4~6천 엔, 저녁 코스가 6~9천 엔으로 고가의 코스요리점이지만 주방장 혼자 탄탄한 정찬 요리를 하나씩 만들어내는 데 적합한 가격이라고 생각했어요. 때마다 다른 재료로 다른 요리 구성을 선보인다고 합니다. 전채, 튀김, 회, 해산물 요리, 무엇 하나 빠지지 않고 먹는 사람을 즐겁게 합니다. 육류가 아닌 제철 생선과 소바를 만드니 바다 쪽 식성을 가진 사람에게 더 적합합니다. 메인인 소바가 정작 가장 가벼운 요리이면서도 왜 주요리인지 알겠더라고요. 소바 전문점에서 어쩐지 너무 동일한 맛만 계속 먹는 단조로운 기분이 들 때가 있는데, 소바 위에 올린 매운 무가 혀끝을 건드리면서 맛의 리듬을 만들어줬습니다.

히가시차야 거리를 걸을 때 가게 앞에 종종 걸린 옥수수를 보고 어떤 의미인지 궁금해했어요. 아사코 씨 말에 따르면 가나자와 상점이나 가정집에서 사업 번창과 건강을 비는 의미의 부적이라고 합니다. 마음속으로 쿄우미 카이에 옥수수를 주렁주렁 매달았습니다.

주소 金沢市東山1丁目23番地10号 | 영업시간 점심(착석 시간 기준)12:00~13:00, 저녁(착석 시간 기준)18:00~19:30 | 휴일 일, 첫째 월
홈페이지 r.goope.jp/kyoumi-kai | 전화 076-252-8008

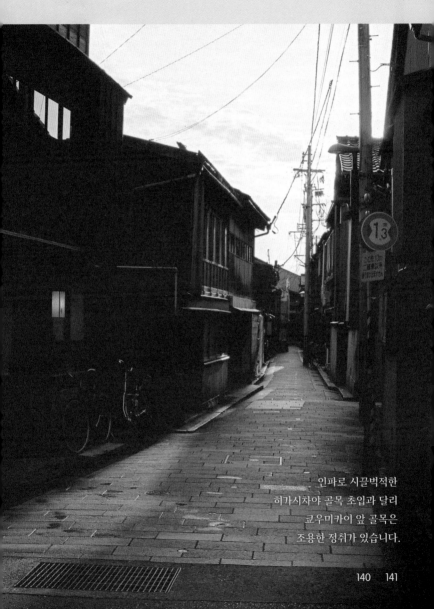

인파로 시끌벅적한
히가시차야 골목 초입과 달리
쿄우미카이 앞 골목은
조용한 정취가 있습니다.

아카기

활기로 사람들을
지탱하는 주점

赤城

Akagi

여러 술집이 모인 골목에 위치한 주점 '아카기'에 찾아가
며 아사코 씨에게 주인장이 어떤 사람이냐고 묻자 대뜸
"재밌는 사람"이라고 했습니다. 아니나 다를까 우리가 들
어가 취재하기로 했던 사람들이라고 하자 허락한 기억이
없다며 너스레를 떠는 겁니다. 무척 당황했는데 카운터 자
리에 세 사람분 젓가락과 오토시^{작은 안주} 놓여 있어 그제
야 장난인 줄 알았습니다.

카운터 자리에 7명 앉으면 만석인 네 평 남짓한 공간입
니다. 작은 주점이 늘 그렇듯 벽엔 오래된 기념사진들, 유
명인의 흔적, 그림, 신문기사가 보입니다. 우리가 오기 전
부터 술을 마시던 손님들은 주인과 격의 없이 가까워 보

였습니다. 어떤 단골과는 가족이나 친구보다 더 가까운 이야기를 나누기도 하겠죠. 그렇게 단골과 단골이 모여 벌써 46년째입니다. 오후 5시에 열어 밤 10시에 닫는 점도 독특했습니다. 주점이지만 깊이 취할 시간 전에 닫아 버리는 거죠. 진탕 취하기 위한 사람들보다 퇴근 후 가벼운 한잔이 필요한 사람들을 위한 가게입니다.

자리 앞엔 채소들이 놓였는데, 그곳에 놓인 것이 그날의 추천 채소입니다. 우리가 간 날엔 죽순과 토마토였고요. 자연스럽게 죽순 요리로 시작했습니다. 첫인상은 고기 안주만 가득할 것처럼 보이지만 웬걸 제철 채소와 산나물을 주로 요리하고 생선도 함께 다루는 곳입니다. 고기 요리는 할 때도 안 할 때도 있고요.

다음 안주를 추천해 달라고 했더니 '물가지회'를 내어주었습니다. 가지를 생선회처럼 얇게 썰어 간장에 찍어 먹는 요리입니다. 가지라면 그렇게 썰릴 리가 없지 않나? 물컹한 가지가 아니라 속이 단단해서 씹으면 수박과 오이와 복숭아가 섞인 맛이 납니다. 사실 생 채소를 썬 것인데 회라고 지칭하니 다른 시각으로 보여 즐겁게 먹었습니다.

카운터 앞에 커다란 일본술통이 보이는데 손님이 사케를 직접 따라 먹고 몇 잔 마셨는지 알아서 이야기하는 구조입니다. 신기해서 "한 잔 넘치게 따르면요?" 물으니 "그 거야 자기 맘이지" 답해서 "그렇군요, 그거야 자기 맘이군 요" 하고 중얼거렸습니다.

이미 저녁을 양껏 먹고 온지라 배가 터질 듯 불렀는데 하 필 좋아하는 생선 간장조림이 나와서 계속 먹었습니다. 한 참을 먹다가 46년 주점을 운영한 사람은 뭘 중요하게 생각 할까 궁금한 마음이 들어 손님의 어떤 행동에 마음을 쓰는 지 물었습니다. 주인장은 옆자리 손님의 요리를 손으로 가 리키며 저걸 달라고 하는 것이 가장 실례라고 이야기했어 요. 그건 주인장 자신에게도 그 손님에게도 요리에게도 실 례겠지요.

그림도 그리고 글씨도 쓴다며 벽에 건 작품들도 보여주 고, 유명한 책에 실린 잘 나온 사진도 보여주길래 "아, 저희 는 그렇게 인물사진처럼은 찍지 못해요" 손사래를 치며 웃 었습니다. 짧은 시간이었지만 조금씩 경계를 푸는 모습에 여기 오래 머문 사람들에겐 어떤 버팀목 같은 사람이겠구 나 짐작했습니다. 몇 번을 가도 무뚝뚝하게 할 일만 하는 주인장이 아니라 낯선 사람마저 이곳에 동화되도록 유쾌 하게 이끌어갑니다. 고단한 하루를 마치고 찾았을 때 충분 히 기댈 수 있는 공간의 활기를 느꼈습니다.

　　주인장은 영어를 전혀 쓰지 않아서 일본어를 모르더라도 들러보고 싶은 사람은 "비루 또 오스스메 메뉴 구다사이(맥주와 추천 메뉴 부탁합니다.)"만으로 충분하다고 안내해주었습니다. 추천 메뉴로 무엇이 나올지 도통 짐작 못하겠습니다만, 그런 알 수 없음이 아카기의 큰 특징이자 매력입니다. 천을 걷고 나서면 바로 행인이 지나는 골목이라서 기지개를 펴며 "아, 잘 먹었다" 외쳐보았습니다.

주소 金沢市片町2-3-27 | **영업시간** 17:00~23:00
휴일 일, 공휴일 | **전화** 076-263-7897

루구

경치를 빌려 잠깐
쉽니다

流寓

LUGU

변칙적으로 운영되는 가게를 보면 좋습니다. 호프집에서 점심 뷔페를 한다든가요. 본래 용도나 전문에서 살짝 비껴나 남는 시간을 활용하는 모습을 볼 때가 있습니다. 핵심 운영 시간 외에도 다른 메뉴를 선보여서 최소한의 긴장을 불어넣고 운영 비용을 마련하는 방식이죠.

　값비싼 이자카야에서 점심 한정 덮밥집이 되거나, 고깃집에서 저녁에 쓰는 재료를 활용해 점심에 찌개를 팔거나, 주로 점심 시간이 빌 수밖에 없는 가게들이 그 공백을 전략적으로 채우나 봅니다. 어떤 가게에선 저녁의 내공이 고스란히 느껴지는 정식을 내기도 하고, 어떤 가게에선 빈 시간만 대강 활용할 뿐 이곳이 왜 이런 운영을 하는지 전혀 느낄 수 없기도 합니다.

아사노 강변에 위치한 '루구'는 다소 다릅니다. 본격적인 프랑스 요리점에서 점심과 저녁 사이 비는 시간을 카페로 운영합니다. 우리는 그 카페 시간에 맞춰 느지막한 오후에 들러 보았어요. 빈 시간이라고 했지만 카페와 점심은 오전 11시부터 오후 7시까지라니 꽤나 긴 시간입니다. 웬걸 카페로 운영되는 시간이 더 길어서 개별적인 카페 하나, 레스토랑 하나라고 해도 될 정도예요.

늘 그렇듯 카운터 자리에 앉아 가게를 관찰할까 하다가 직감에 이끌려 오래된 밤색 나무 계단을 조심스럽게 밟아 올라갔어요. 맨질맨질한 밤색 나무 계단에 살짝 발을 올릴 때 이 나무 구조가 나를 지탱하고 있다는 감각도, 미세한 삐걱 소리도 좋았습니다. 난간을 잡지 않곤 제대로 오를 수 없는 계단을 통과하니 직감의 정체가 눈앞에 드러났습니다. 그래서 우리는 거의 처음으로 카운터 자리를 포기하고 위층에서 차를 마시기로 했어요.

아사노 강, 아사노 다리와 그 앞으로 우거진 나무가 한껏 눈에 들어오는 자리에 앉으니 여행자의 크고 작은 짐을 여기 내려놓기 미안할 지경이었습니다. 케이크 세트 하나, 일본 과자 세트 하나, 말차 아포가토 하나를 주문했어요.

차를 기다리는 동안 바깥을 바라봤습니다. 어쩌면 바깥을 보는 게 아니라 바깥과 안의 경계를 바라보는 것인지도 모릅니다. 아주 작게 잘린 풍경을 계속 지켜보면 실내도 실외도 아닌 묘한 지점에 머무른다는 생각이 강해집니다. 작고 안전한 공간에서, 내가 향할 순 있어도 어떻게 할 순 없는 자연에 눈을 두는 거죠. 그럼 그에 맞춰 공간도 변합니다.

주문한 차가 나왔습니다. 세트에는 음료, 케이크 혹은 화과자, 머랭이 함께입니다. 카페오레에 설탕 하나 타지 않았는데도 살짝 달큼해서 놀랐습니다. 말차 아포가토도 그렇고 디저트도 그렇고 적당히 달콤해서 힘껏 지친 여행자가 한껏 흥을 되찾을 수 있게 합니다.

2층에 우리뿐이었다가 다른 손님들이 올라왔는데, 우리 쪽 미닫이문을 조용히 닫아 두 공간을 분리하더군요. 이곳에서 일하는 아사코 씨의 친구 말에 따르면 이곳을 집, 더 나아가 자신의 임시주택처럼 여겨줬으면 하는 마음이라고 합니다. 타인의 공간을 잠깐 빌리는 거죠. 창문 밖 저 경치를 빌려오는 것과 비슷하겠죠.

섬세한 디저트를 먹으면서 이곳이 본격적인 카페가 아니어서 비밀에 부쳐 두고 힘들 때마다 임시 피난처처럼 도망

오는 손님도 꽤 있겠다고 생각했습니다. 저도 가나자와에 살았다면 점심 손님이 다 빠져나갈 때까지 호기롭게 세트를 두 개나 시켜 먹고 아사노 강만 계속 바라봤을 겁니다.

여행자는 늘 바쁘죠. 서울에서 일할 때보다 더 많이 움직이고 더 많이 걷는 것 같습니다. 언제인지 모를 다음을 기약하며 가게를 나서는데 입구 작은 간판에 점심용 가츠산도 사진이 걸렸더군요. 홍보용으로 과장한 사진이라고 해도 맛없을 리 없는 위용이 머릿속에 입력돼 버렸습니다. 돈가스를 심하게 좋아해서 그때부터 여행을 마칠 때까지 어떻게든 시간을 내어 다시 오려고 했지만 끝내 그 가츠산도를 확인하지 못했습니다.

머릿속에서 그 돈가스 샌드위치가 희미해지기 전에 다시 들러 주문하고 말 겁니다. 2층 창가에 앉아 강변 풍경과 가츠산도의 맛을 겨루는 날이 오길 바랍니다. 꼭이요.

주소 金沢市主計町2-10 | 영업시간 카페와 점심 11:00-19:00, 코스(예약제) 12:00-, 18:00- | 휴일 부정기휴무
홈페이지 www.shiki-inc.com/lugu | 전화 080-3249-9012

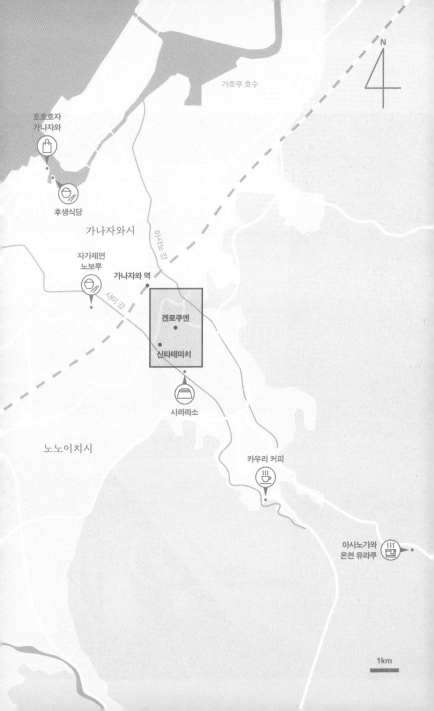

N

가호쿠 호수

호호호자
가나자와

후생식당

가나자와시

자가제면
노보루

가나자와 역

겐로쿠엔

신타테마치

사라라소

노노이치시

카우리 커피

아사노가와
온천 유라쿠

1km

여행 밖
여행

여행을 위해 떠나왔지만 여행 속에서
다시 한 번 여행을 떠나야 할 때가 있습니다.
이국의 풍경이 낯익어질 때면, 다시 한 번 여행을
가기로 마음먹어야 갈 법한 거리에 있는 온천과
공원과 카페, 책방을 들러봅시다.

자가제면 노보루

종합적인
라멘 한 그릇

自家製麺のぼる

Homemade Noodles Noboru

라멘집 '자가제면 노보루'에 도착한 시간이 오전 10시 40분이었습니다. 점심 식사를 하기엔 이른 시간이죠. 11시부터 여는 가게에 너무 일찍 도착했나 섣불리 생각하며 다가가니 이미 많은 사람들이 기다리는 중이었습니다. 가나자와 중심부에서 살짝 떨어진 곳이라 주변에 건물이나 인적이 드물어서 아직 열지 않은 라멘집과 기다리는 사람들만 유독 도드라집니다. '준비중'을 알리는 간판이 무척 거대한데 멀리서부터 걸어오는 사람을 위한 게 아닐까 싶었어요.

　11시 정각에 문을 열었습니다. 유명한 가게 앞에 줄 서 기다릴 때 59분도 01분도 아닌 정각에 문을 열면 유달리 기분이 좋습니다. 손님들은 이제 시작이지만 주방은 이미

전투가 진행 중입니다. 11시부터 3시까지 오직 점심 운영만 하기 때문에 운영하는 사람이나 찾는 사람이나 좀 더 치열하게 느끼는 것 같아요. 개점 전부터 기다리던 손님들이 모두 자리에 앉고도 자리가 모자라 내부에서 한 차례 더 기다리더군요.

인테리어나 분위기가 무척 밝아요. 보통 라멘집의 전형이랄까 기다란 면적을 더 길게 나눠 한쪽을 주방으로 한쪽을 카운터 자리로 쓰는 곳이 많았는데 그와는 전혀 다릅니다. 사각의 공간 속에 컨트롤 타워처럼 큰 주방이 네모나게 자리 잡고 나머지 면적을 자리로 채웠어요.

큼지막한 창문을 통해 바깥 풍경도 밝게 들어옵니다. 그래서 다른 라멘집에서 느끼는 눅눅한 혹은 어두운 기운이 없습니다. 보통 일본의 라멘집에 있는 주문 자판기도 없어서 일일이 주문을 받았는데 그런 모습이 이 집 분위기와 어울렸어요. 효율과 인상 사이에서 후자를 골랐다고 생각했습니다.

주인장은 아사코 씨와는 대학 친구로 도자기 공예를 전공하고 가이세키 요리를 배운 뒤 본격적으로 라멘을 만들기 시작했다고 합니다. 라멘 마니아가 만든 가게라 그런지 또 다른 라멘 마니아들을 불러모아 미슐랭 가이드 이시카와 현 편에도 소개되었어요. 대표 메뉴인 교라멘, 그리고 시오 라멘, 소유 라멘을 주문했습니다. 소유 라멘은 1시쯤이면 품절된다니 아침부터 기다린 보람이 있습니다. 돈코츠 라멘이 지닌 묵직함이 늘 부담되어 멀리하곤 했는데 동행한 사람들 모두 재밌게도 같은 취향이었어요. "맑은 국물이 좋죠.", "맞아요 맑은 거" 순식간에 '맑은 라멘파'가 결성되었습니다.

라멘이 나왔습니다. 제가 시킨 소유 라멘이 독특했는데 큰 그릇에는 국물과 면만 담겼고 차슈, 파, 멘마죽순는 따로 나왔어요. 이들을 넣으면 스프 맛이 변하니 그 전에 핵심인 면과 국물만 먹어보란 뜻이겠죠. 먼저 스프를 떠먹었습니다. 잠깐 생각이 우왕좌왕했는데 익숙하면서도 미묘하게 낯선 맛이었어요. 닭고기로 만든 육수에 간장이 착 달라붙어 간장 맛이 앞서도록 육수가 강하게 받치고 있습니다. 주인장이 배운 가이세키 요리법을 응용해서 스프를 만드는 게 아닐까요? 혀와 뇌가 맛을 익히기까지 몇 번 걸리고, 그 후로는 호로록이 아니라 후루룩 후루룩 끝없이 들어가요. 하마터면 토핑 넣는 걸 까먹을 만큼요.

그제서야 잊고 있던 차슈도 한입 먹었습니다. 다른 라멘집의 차슈가 '고기다!'라고 외치게 하는 식감이라면 노보

루의 차슈는 훈제 햄처럼 부드럽게 씹히는, 살짝 구운 돼지고기입니다. 깔끔한 라멘 한 그릇인데 이걸 이렇게 할 수도 있구나, 이런 라멘도 있구나 즐거웠습니다.

작은 밥 한 공기를 시켜 점심 식사가 아니라 작은 파티마냥 면과 국물과 밥과 차슈를 번갈아 먹으며 정신을 놓아버렸습니다. 처음 그릇을 받았을 때 예상한 것보다 맛의 층이 많아서 훨씬 더 종합적인 맛이 납니다. 교라멘은 닭고기 바탕에 멸치 맛이 강하게 가미된 국물이니 취향 따라 고르면 되겠습니다. 7분 만에 한 그릇 비우고는 문 앞에서 기다리는 사람들을 바라봤습니다. 부러웠어요. 제 파티는 이제 끝났지만 저 사람들은 이제부터 시작일 테니까요.

주소 金沢市玉鉾1-177 | 영업시간 11:00-15:00 | 휴일 화
전화 076-200-9397

호호호자
가나자와

가치에 동의한다면
누구든 이어갈 수
있습니다

ホホホ座金沢

hohohoza kanazawa

교토 서점 '호호호자'에 들렀을 때 이토록 단단한 서점이
있다니 하며 감탄했어요. 도쿄 '포포탐'에서도 비슷한 인
상을 받았는데, 작고 충실한 서점에서는 어디를 보아도 즐
겁습니다. 입구에 붙은 포스터에서 이미 지나간 행사 안내
를 보거나 산만하게 쌓인 무가지 더미에서 공짜로 얻기엔
감사한 정보를 얻거나 천장에 매달린 모빌을 보거나 매대
아래 쌓인 배지를 볼 수 있습니다. 판매용 책과는 조금씩
다르지만 각자의 역할을 다하고 있죠.

매대와 책장 사이 좁은 틈을 도는 데 3분이면 충분할 넓
이인데도 돌 때마다 새로운 책이 눈에 들어와 1시간 동안
몇 바퀴를 돌게 됩니다. 이제 만화 코너를 다 확인했다 싶

을 때 잡지 코너로 한눈을 팔고 오면 또 새로운 만화책을 발견합니다. 제목과 책등만으로 추측하기엔 새로운 이미지가 표지에 있고, 표지만으로 넘겨짚기엔 새로운 내용이 본문에 있습니다. 신간이 쏟아져 들어오는 게 아닌데도 갈 때마다 희귀한 즐거움을 발굴하게끔 하는 서점이 좋죠. 제가 운영하는 서점 유어마인드에는 보면 볼수록 발견되는, 다각도로 채워진 구도가 없어서 스스로 늘 아쉽기도 합니다.

가나자와에 호호호자가 생겼다기에 가나자와식 단단한 서점을 기대하며 출발했습니다. 비 오는 날 상점이라곤 없는 공장 지대를 헤매다 겨우 발견해서 고단하고 반가운 마음에 쑥 들어갔어요. 비 올 때 우산을 툭툭 털어 접고 책방에 들어가면 다행이라는 생각부터 들죠. 책들이 바깥의 차갑고 축축한 환경으로부터 저를 지켜주는 기분입니다. 가능하다면 비 그칠 때까지 계속 앉아 책을 읽고 싶죠.

이곳에 들어서면 몇 번이나 생각이 바뀝니다. 우선 교토 호호호자의 밀도와 완전히 다른 방식으로 트인 공간을 보면서, 서점이라기엔 잡화와 식품, 카페 공간이 넓은 구성을 보면서, 창밖으로 보이는 풍경을 보면서요. 강의 끝이자 바다의 시작인 곳에 있어서 어쩌면 강의 풍경에 가깝지만 곧 바다로 흘러갈 장면이기도 합니다.

본래 제철소였던 공장을 상점으로 바꿨는데 제철소 현판을 여전히 걸어두었어요. 누군가의 시선에는 센스를 과시하는 것처럼 보이기도 하겠지만 누군가에게는 그저 존중의 의미일지도 모릅니다. 공장일 때부터 있던 작은 복층을 작가들에게 빌려주는 공간으로 만들었는데 마음대로 보수해서 써도 좋다는 점이 재밌습니다. 자리를 잘 차려놓고 타인을 그 틀에 맞추는 게 아니라 각자의 방향으로 공간을 변화시킬 수 있으니까요.

가나자와점이 생긴 계기는 어떤 책 한 권 때문입니다. 야마시타 켄지 씨가 '낭떠러지 서점'이라는 이름의 책방을 10년 넘게 운영하다 문을 닫고 새로 만든 곳이 본래의 호호호자입니다. 그가 쓴 동명의 책 『낭떠러지 서점』 후반부에 자신의 생각에 동감하는 사람이라면 누구든 호호호자 분점을 내도 괜찮다는 말을 썼다고 합니다. 책이 전혀 없어도 빵집이든 미용실이든 카페든 은행이든 학교든 상점의 정체가 무엇이든 상관없이 말이죠. 누군가 마음만 먹으면 호호호자 전주점 혹은 서대문점도 가능한 셈이죠.

그래픽디자인 작업과 과자 공장을 운영하던 점주가 이 유쾌한 네트워크에 끌려 가나자와점을 만들었습니다. 이곳에서 우리가 생각하던 분점의 법칙이 쉽게 깨졌어요. 하나의 사업을 무리하게 키워 나가는 식이 아니라 일면식 없이도 가치관에 동조하는 사람들이 상점 자체를 문학적으로 확장하고 있었습니다. 같은 가게를 그저 복사해 끼워 넣지 않고 가나자와를 이해하는 고마쓰 사람이 이 지역에 호호호자라는 이름으로 무얼 할 수 있을지 고민한 결과입니다. 가게 로고 역시 마찬가지입니다. 본점의 로고를 따르지 않고 새롭게 디자인했는데 비가 자주 내리는 지역답게 빗줄기처럼 보입니다.

점주는 우리에게 시간이 가면 갈수록 교토의 호호호자보다 먼저 이곳 가나자와점에 오는 사람이 늘어나는 것이 흥미롭다고 했습니다. 잡화점 겸 과자점 겸 카페 겸 서점인 호호호자를 가나가와점부터 경험한 사람이라면 교토점에서 '아니 왜 여긴 서점뿐이지?"라고 의아해할지도 모릅니다. 저와는 반대로요. 이들은 각자의 공간과 사업으로 '아니 왜?'라는 물음 앞에서 '충분히 이럴 수도 있지 않을까요?'라는 질문을 던집니다.

가나자와 도심에서 벗어난 순간부터 그날 우리는 어딘가로부터 도망쳐온 사람들 같았습니다. 매일의 생활로부터, 고향으로부터, 도심으로부터, 아주 가깝게는 비를 피해 도망쳐왔죠. 창가에 앉아 따뜻한 커피를 마시다가 높이 차오른 물을 보며 "비가 와서 강물이 이렇게 높게 차오른 건가요?" 물었더니 "아뇨, 늘 이 정도 차 있습니다"라는 답을 들었습니다. 급박한 대화가 아니죠.

쓸데없는 정보일지 모르지만 이 공간의 주인장만이 알 값을 묻고 답하며 늘 무언가에 쫓기는 일상에서 멀리 떨어집니다. 커피를 다 마셔도 괜찮습니다. 아직 과자와 책을 덜 골랐으니까요. 과자공장과 그래픽디자인 스튜디오를 함께 운영하면 어떻게 될까요. 맛만큼 패키지도 아름다워집니다. 타지에서 사온 과자와 책이 다시 연결점이 되어 또 잠깐 도망칠 수 있습니다. 작지만 종합적인 곳이구나 생각했어요. 어, 그러고 보니 교토의 호호호자 책방도 그런 곳이었죠.

작은 서점에는 있는 책보다 없는 책이 더 많지만 그래서 오히려 자신만의 세계를 만들 수 있다고 생각해요. 전혀 다른 분점이지만 서로 통하는 구석이 있습니다.

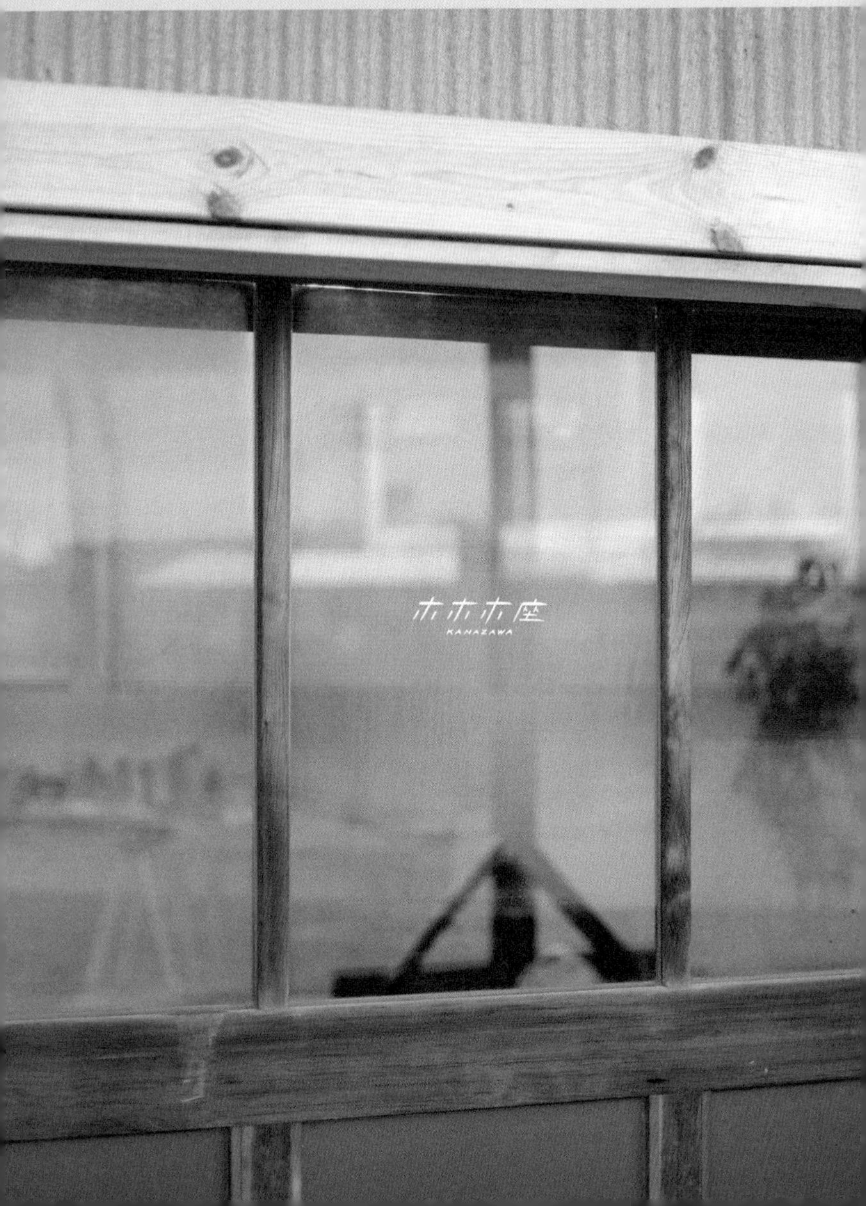
KANAZAWA

후생식당

대단한 튀김 정식을
아무렇지 않게
먹어 봅시다

厚生食堂

가나자와는 비가 자주 오기로 유명한 곳입니다. 비를 테마로 하는 호텔이 새로 생길 정도입니다. 그래서 가나자와를 추천할 때 날씨와 비에 얼마나 민감한지 물어보곤 해요. 4박 5일을 머물면 적어도 하루 정도는 비를 구경하게 되는 지역이죠. 어쩌면 나흘 내내 올 수도 있습니다. 가나자와 수산시장 옆 후생식당에 가는 날도 비가 왔습니다. 적당히 내리는가 싶더니 곧 무섭게 퍼부어서 힘든 한편 다행이기도 했습니다. 계속 날이 좋아서 비 내리는 모습을 못 본 게 못내 아쉽기도 했거든요.

　가나자와 도심에서 꽤 멀고 '호호호자 가나자와점' 부근에 있기 때문에 한 코스로 들르면 좋겠습니다. 후생식당에

서 점심 식사를 하고 호호호자 서점에 들러 커피와 함께
책도 보고 과자도 고르는 일정으로 말이죠. 이렇게 쓰면서
도 바로 내일이라도 그렇게 할 수 있다면 얼마나 좋을까
상상했습니다. 서점과 생선 정식이라니 저에겐 그 이상을
상상하기 어렵도록 훌륭한 묶음입니다.

비 오는 날은 식당을 아예 닫기도 한다기에 떨리는 마음
으로 전화를 걸어 확인하니 열었다는 겁니다. 마음속에서
환호가 터졌습니다. 전갱이 튀김을 무척 좋아하는데 어쩌
면 그 진수를 만날지도 모른다는 생각에요. 지역 주민들이
주로 가는 곳이라는 아사코 씨의 말도 우리를 부추겼습니
다. 이곳은 우리 셋 모두 처음이었어요.

하필 비가 가장 세찰 때 도착했습니다. 우산이 뒤집어질
지경이라 마구 뛰어서 갔습니다. 저와 모모미 씨는 비에
젖는 걸 유독 싫어해서 힘들었는데, 그때 그 장면이 가끔
생각납니다. 생선 정식을 먹겠다는 일념으로 비가 주룩주
룩 오는 날 수산시장까지 비에 온통 젖은 채 뛰어오는 한
일 여행 연합대의 모습이요.

식사 시간도 아니었고 비까지 와서였는지 도착했을 때
손님이 아무도 없었습니다. 한쪽 창문으로는 옆으로 이어
진 수산시장이 바로 보이고, 반대쪽으로 주방이, 그 사이

에 손님들을 위한 자리가 있습니다.

일본 드라마 세트장에 들어온 것 같다고 느꼈는데, 좀 신기한 감정이에요. 현실을 모방한 드라마를 한국에서 열심히 보다가 그 원본을 보고서는 "드라마 같다…"고 하는 거요. 취재를 위해 미리 연락 드렸던 사람들이라 설명하니 모든 걸 흔쾌히 허락하다가 갑자기 엄숙한 표정으로 "수산시장 쪽은 절대 찍으면 안 됩니다"라고 했습니다. 사장님 말에 따르면 수산시장 쪽은 살짝 걸쳐 찍어도 안 됩니다. 도매 거래가 이뤄지고 중장비가 이동하는 공간이니 보안과 안전상의 이유겠죠.

아사코 씨는 사와라 후라이^{삼치 튀김} 정식, 모모미 씨는 카이센동^{생선회 덮밥}, 저는 키스 후라이^{보리멸 튀김} 정식을 주문했습니다. 메뉴가 화이트보드에 마커로 굵게 쓰인 걸 보니 철마다 조금씩 바뀌나 봅니다. 두 사람이 쓰는 주방치곤 넓었는데요, 저는 주방이 넓은 곳에 가면 괜히 안심하는 버릇이 있습니다. 접객 영역을 포기하면서까지 조리 영역을 확보하는 데는 분명한 이유가 있고 그 이유가 맛을 해치는 일은 드물더라고요.

세 명이 다 다른 메뉴를 주문했는데 착착착 나옵니다. 정말 하나 뚝딱 다음 뚝딱 나오는 느낌이에요. 주말과 점심 시간에 이 식당이 얼마나 바쁠지 가늠이 되는 속도였습니다.

순식간에 제 앞에 보리멸 튀김 정식이 놓였는데요, 접시를 보자마자 인생의 생선튀김 순위가 바뀔 거라는 예감이 들었습니다. 플레이팅이 특별하다거나 냄새가 대단하다든가 그런 게 아니라, 접시가 놓이는 순간 올림픽 결승전에 온 기분이 들었어요. 훈련 기간, 선발전, 선수권, 예선, 결선 다 지나고 지금 누가 최고인지 겨루는 운동장에 앉아 은메달은 이미 확보한 보리멸을 집어 들었습니다.

맛은 예상을 뛰어넘었습니다. 수산시장에서 신선한 재료를 바로 가져왔다고 해서 나오는 맛이 아니었어요. 잘 다듬은 재료를 좋은 기름에 섬세하게 튀기지 않으면 나올 수 없는 경지입니다. 고소한 보리멸이 바삭한 튀김옷과 함께 베어 문 양만큼 입안에 쏙 들어옵니다. 속이 질겨 이에 힘을 주느라 입술에 온통 기름이 묻을 일도 없죠. 그리고 밥의 향과 맛이 가벼워서 튀김 따라 연달아 들어갑니다. 묽은 우스터소스를 뿌리면 단내도 더해져 보리멸 한 마리를 한입에 먹을 수도 있겠어요. 평소 먹는 양보다 더 젓가락으로 잡아 튀김, 밥, 튀김, 밥 이어집니다.

다음에는 배고픈 채 와서 정식 두 개를 시켜 먹고 싶습니다. 거의 모든 식당에서 입이 짧은 손님으로 여겨지는 제가 정식 두 개라니 놀랄 일이죠. 그보단 이 튀김 정식이 겨우 900엔인 게 훨씬 더 놀랄 일이겠지만요.

정해진 일정이 없다면 무슨 꼼수를 써서든 두세 번 더 들렀을 겁니다. 조용한 식당에서 굉장한 생선 튀김을 먹고 성에 낀 맥주 냉장고와 비 내리는 바깥을 번갈아 바라보았습니다. 아, 정말이지 나가고 싶지 않았어요.

주소 金沢市無量寺町ヲ51 | **영업시간** 11:00~14:00, 17:00~21:00
휴일 토 | **전화** 076-268-1299

위쪽이 키스 후라이,
아래쪽이 사와라 후라이.
앞으로 이보다 나은 보리멸 튀김을
만날 수 있을지 모르겠어요.

약간만 가능

카우리 커피

어디에 숨을까요?

cowry coffee

제가 운영하는 책방 유어마인드가 사람들에게 은신처처럼 느껴지면 좋겠다고 생각한 적이 있습니다. 휴식처와 은신처는 다소 다른 공간인데요, 휴식처가 몸을 편안하게 하고 한껏 쉬는 곳이라면 은신처는 무언가로부터 도망쳐 숨는 곳이죠. 마음이 힘들 때 여기에서 한두 시간 책을 열람하면서 나만큼 이상한 사람들이 또 있네, 알 수 없는 이유로 웃는 곳이 되었음 합니다. 그런다고 뭔가 나아지진 않지만, 적어도 그 한두 시간 동안 '나를 괴롭히는 이야기'로부터 떨어져 다른 이야기를 획득할 수 있죠.

　책방을 1층에 열지 않는 이유 역시 마찬가지입니다. 1층에 숨기는 좀 어렵잖아요? 어디론가 향하는 사람들이 무작위로 지나가는 모습이 창밖으로 보이면 책에 집중하기는 쉽지 않고요.

가나자와의 '카우리 커피'는 그야말로 확실한 은신처입니다. 일단 많이 멀어요. 가나자와 사람들 기준으로도 먼데, 여행자에겐 더 그렇죠. 가나자와 역 기준으로 30분 버스를 타고 내려 20분을 더 걸어야 합니다. 주변에 큰 건물이나 지표가 하나도 없기 때문에 실시간으로 구글맵을 앱으로 확인하며 걷지 않으면 찾기 어렵습니다. 간혹 전동자전거를 타고 오는 손님도 있다는데 자전거를 타고 온천에 들렀다 여기에 도착하는 일정도 좋겠습니다. 무리해서 택시를 탈 순 있겠습니다만 돌아갈 때가 역시 문제죠. 문을 여는 날짜도 적어서 매주 목, 금, 토요일만 운영합니다. 매달 운영일을 공지하니 출발하기 전에 홈페이지를 꼭 확인하는 편이 좋습니다.

일반적인 상점에 비해 멀고 덜 운영하는 곳에 수고로이 찾아갈 땐 그에 상응하는 뭔가를 바라곤 하죠. 의식적이든 무의식적이든요. 멋대로 이상향을 상정하고 그에 맞춰야 한다는 생각을 경계하는 편이지만, 주변에 그 무엇도 없는 커피점에 1시간을 들여 이동할 땐 기대감이든 부담감이든 마음이 무거워지기 마련입니다. 카우리 커피는 어느 쪽이

냐면, 거리가 두 배로 늘어나도 이 고요한 은신처에 온갖 핑계를 만들어 다시 오고 싶다는 쪽입니다.

가나자와 미술대학 출신 주인장이 6년 전 시작해 혼자 운영합니다. 커피점에 들어가면 먼저 신발을 슬리퍼로 갈아 신은 뒤 미닫이 문을 열고 들어가야 하는데, 그때부터 이미 신경을 깨워 조심히 걷기 시작합니다. 물잔부터 잘못 건드리면 쓰러지기 쉬운 형태라 더 그렇습니다. 공간과 집기가 연약해서 손님 역시 최선을 다해 힘을 빼야 하는 곳이에요. 워낙 조용한 분위기이지만 그 이전에 이곳에 모인 모두가 그토록 고요하길 원하는 느낌이랄까요. 두어 명이 함께 온 손님도 속삭여 대화하거나 아예 대화 없이 책이나 풍경을 바라보며 커피만 마십니다.

할아버지가 커피를 워낙 좋아해서 늘 드립커피를 내린 바람에 그 향에 매료된 주인장이 중학생 때부터 사이폰 커피를 만들었다고 합니다. 사이폰 커피를 내려 마시는 중학생 모습이 잘 상상되지 않았는데요, 상상할 수 없는 사람들이 상상할 수 없는 가게를 만들곤 하더라고요.

아직 커피가 나오지도 않았는데 자리에 앉아 음악을 듣는 것만으로 많은 부분이 짐작 가능해집니다. 음악 시설을 관리했던 할아버지의 오랜 오디오 기기와 스피커를 써서

선곡과 재생 역시 섬세하게 공들입니다. 정말 바쁜 순간에 엘피를 B면으로 뒤집으면서 천천히 판을 닦는 모습에 모두 마음속으로 감탄의 박수를 보냈습니다.

커피와 케이크, 계절메뉴가 나왔습니다. 원두 40그램을 쓴 일반 커피와 80그램을 쓴 특별 커피, 초콜릿 케이크, 밀크팥 크림치즈 모나카입니다. 맑디 맑은 커피가 강한 향을 가지고 있어서, 한입 마시자마자 똑같은 커피를 한 잔 미리 주문해서 더 마시고 싶다고 생각했습니다.

워낙 깔끔해서 필터를 통해 내려진 음료가 아니라 원래부터 이런 향과 맛으로 태어난 액체를 마시는 기분입니다. 그렇다고 묽다거나 연하지도 않아요. 커피를 한 모금 마시고 세 사람이 동시에 눈으로 확신에 찬 의견을 주고받았습니다. 직접 만들어 먹는 모나카 과자 위에 크림치즈와 팥앙금을 섞어 깨물면 달콤한 맛이 커피향과 어우러집니다.

카우리 커피의 모든 요소는 홀로 꾸준히 운영하기 위해 짜여졌어요. 도심에서 먼 곳에서 일주일에 3일만 열면서 테이블이 많지 않고, 많지 않은 메뉴를 느린 속도로 차분히 만듭니다. 메뉴판에 '카우리 시크릿 메뉴'가 적혀 있어서 다같이 "아니 이럼 하나도 시크릿이 아니잖아요…" 하고 웃었어요. 커피콩 종류가 많으면 신선도 관리가 안 되니 콩 역시 적은 종류만 관리한다고 합니다.

일상의 공간에서 멀리 떨어져 마치 잠시 존재하는 커피의 섬에 자발적으로 갇힌 마음으로 쉬었습니다. 유리창 밖 초록 나무를 보며 커피를 마시는 순간을 오래 잊지 못할 것 같다고 생각할 때 주인장이 "커피 내리는 거 보여드릴까요?" 엄청 해맑게 웃으며 제안했습니다. 그 표정에 모두 자석처럼 이끌려 주방으로 따라 들어갔어요.

많은 양의 콩을 분쇄한 뒤 그중 큰 조각만 따로 분류해주는 기계로 고르니 눈으로 볼 때보다 거친 입자가 훨씬 많이 배출되었습니다. 주전자로 끓인 물에 커피를 내리니 주방이 순식간에 좋은 향으로 가득 찼어요. 그 과정을 설명하는 모습을 보며 6년 동안 반복하고 있는 작업을 저렇게 신나서 할 수 있구나 생각했습니다. 청량한 사람이 만드는 청량한 커피를 마셨습니다.

고통으로부터 영영 회피할 순 없겠지만 잠시 도망칠 수 있는 공간이 몇 군데 있다는 건 자그마한 축복이겠죠. 카우리 커피의 향으로 우리를 숨겨줘 고마웠습니다.

주소 金沢市辰巳町7-241 | **영업시간** 12:00−19:00(L.O18:30)
휴일 일, 월, 화, 수(매달 영업날짜 홈페이지 공지)
홈페이지 cowrycoffee.blogspot.com

아사노가와
온천 유라쿠

여행 속에서
여행하기

浅の川温泉 湯楽

Asanogawa onsen Yuraku

여행은 늘 극단적입니다. 한없이 피로해서 왜 일상보다 더 고된 일정을 소화하는지 의문이 들거나, 혹은 역으로 한없이 나른해서 편하다 못해 어색할 지경이죠. 가나자와 시내에 머물면서 잠깐이지만 가나자와가 제 일상의 공간이 됩니다. 타국과 타지가 몸에 익숙해지는 순간이 오죠. 그럴 땐 한 번 더 여행을 갑니다. 이미 가나자와로 여행 와 있는데, 근교로 떠나면 이중의 여행처럼 마음이 들뜹니다. 이번 여행에서는 유와쿠 온천으로 떠났습니다.

　가나자와 역에서 '12유와쿠 선'을 타고 50분 동남쪽으로 향하면 료칸과 온천이 모인 '유와쿠 온천'이 나옵니다. 고급 료칸도 각자 욕탕을 소유하지만 대부분 투숙객만 쓸 수

있습니다. 우리는 온천지에서 조금 떨어진 '아사노가와 온천 유라쿠'로 갔는데 정류장에서 걸어 20분 거리이기 때문에 정류장과 가까운 '시라사기노유白鷺の湯'로 가도 좋겠습니다.

입욕권이나 비누, 샴푸, 수건 모두 자동판매기에서 현금으로 사야 합니다. 여행자가 수건까지 챙겨가기란 어려우니 입구에서 수건을 꼭 빌려야 합니다. 우리가 간 온천은 탈의실 로커도 100엔을 넣어야 해서 동전도 챙겨야 합니다. 안팎을 몇 번이나 들락거린 경험으로 드리는 팁입니다.

본격적인 산맥으로 오르는 초입이라 시내와는 전혀 다른 풍경이 보이는 노천탕에 들어가 쉬었습니다. 노천탕에 앉아 숨을 길게 쉬면 늘 특이한 기분인데요, 안도 아니고 밖도 아닌 데다가 자연도 아니고 건물도 아니랄까요. 물 밖도 아니고 물속도 아니죠. 뜨겁다고 해야 하나 춥다고 해야 하나, 모두 섞여 있습니다. 모든 것의 경계에서 노곤한 몸을 녹였습니다. 온천에서 나와선 뭘 해도 어울립니다.

온천에서 나와 차가운 캔커피를 마셨어요.

온천에서 나와 아무것도 없는 논길을 걸었어요.

온천에서 나와 다카오 식당에서 고로케 정식을 먹었어요.

온천에서 나와 니기니기에서 사온 도시락을 먹었어요.

온천에서 나와 공원을 산책했어요.

온천에서 나와 생맥주 생각이 나서 시내로 돌아갔어요.

'온천에서 나와'에 이어지면 무엇이든 완벽한 문장입니다. 바다 쪽으론 '후생식당'의 생선 정식이 있고, 산 쪽으론 유와쿠 온천지가 있으니 머릿속 가나자와의 범위가 넓어진 기분입니다.

주소 金沢市東町口80番地 | **영업시간** 8:00-22:00
휴일 월 | **홈페이지** www.yuraku-onsen.jp | **전화** 076-235-1126

© 리버사이드 호텔 사라라소

© 리버사이드 호텔 사라라소

사라라소

밤의 강, 아침의 강

SARARASO

사이 강변에 자리한 호텔 '사라라소'는 먼저 묵었던 '쿠무'
와는 완전히 다릅니다. 쿠무가 가나자와 시내 어디로든 이
동하기 좋은 위치에 세련된 감각으로 무장한 호텔이라면,
사라라소는 시내에서 다소 떨어진 강가에서 한적하게 지
낼 수 있는 호텔입니다. 유명했던 찻집 '사라라관' 건물을
개조해 만든 호텔이라 주민이나 택시기사에게 "사라라관
이 있던 위치"라고 설명하는 편이 빠릅니다.

　좁고 길쭉한 건물에는 객실이 8개뿐입니다. 엘리베이터
가 없어서 둥근 계단을 올라야 하고요. 저는 이 둥근 계단
을 오르락내리락할 수 있어서 좋았습니다. 직선으로 꺾이
는 계단과 달리 원형 계단을 오를 땐 아주 잠깐이지만 영

원히 계단을 밟는 느낌이 들거든요. 방 규모도 물품도 딱 필요한 만큼 작고 효율적인 구성입니다.

1층은 로비 겸 카페 겸 식당입니다. 카페 카운터 안쪽에서 커피도 만들고 로비 업무도 한다는 게 자연스러우면서도 다른 호텔에서 잘 보지 못한 방식입니다. 카페 뒤 커다란 창으로 보이는 풍경이 아름다워서 체크인을 하다 갑자기 자리에 앉아 차를 주문하고 싶어져요. 사이 강과 그 맞은편 주택, 다리를 건너는 트럭과 자가용, 강에서 운동을 하거나 산책을 하는 사람들 모습이 평화롭습니다.

밤에 자려고 누우면 옅은 빗소리가 계속 들리는데요, 오후 내내 오지 않던 비가 이제 오나 싶어 블라인드를 열면 아무것도 내리지 않는 겁니다. 그리고 다시 누우면 또 빗소리가 옅게 이어지고요. 알고 보니 흐르는 물줄기 소리였습니다. 차분히 흐르는 강의 소리를 들으면서 깊히 잠들었습니다. 다음 날 일어나자마자 두 사람이 동시에 블라인드를 올리고 부스스한 채 강가를 바라봤습니다. 아침 강 풍경이 기분 좋은 알람처럼 밝은 하루를 열어주었습니다. 사이 강에는 그런 힘이 있습니다.

1층 로비에서 아침밥을 먹을 수 있는데요, 첫 번째 날에는 생강 밥, 두 번째 날에는 연어를 넣어 찐 솥밥이었는데,

대단한 찬 없이도 짭조름하게 아침 식사를 완성했습니다. 두 사람이 먹기에 꽤 많은 양인데 덜어 먹고 남은 건 주방에서 다시 가져가 오니기리로 만들어 주더군요. 아침밥 겸 간식까지 챙긴 셈입니다.

오후 일정이 빼곡했지만 잠깐 강가를 이리저리 걸었습니다. 똑같이 걷는다고 해도 어딘가를 향해 갈 때와 어디를 향해도 상관없을 때 무릎에 들어가는 힘이 다르죠. 그날 주민들이 유독 흐느적거리던 두 사람을 발견하고 웃었을지도요. 호텔에서 자전거도 빌려주는데 아침 기온이 쌀쌀해서 다음을 기약했습니다. 솥밥과 산책으로 시작하는 하루가 아침을 건너뛰고 바로 일정을 시작하는 하루와 극단적으로 달라서 아침밥이 포함된 예약을 권합니다.

주소 金沢市菊川1-1-8
홈페이지 sararaso.jp | **전화** 076-254-5608

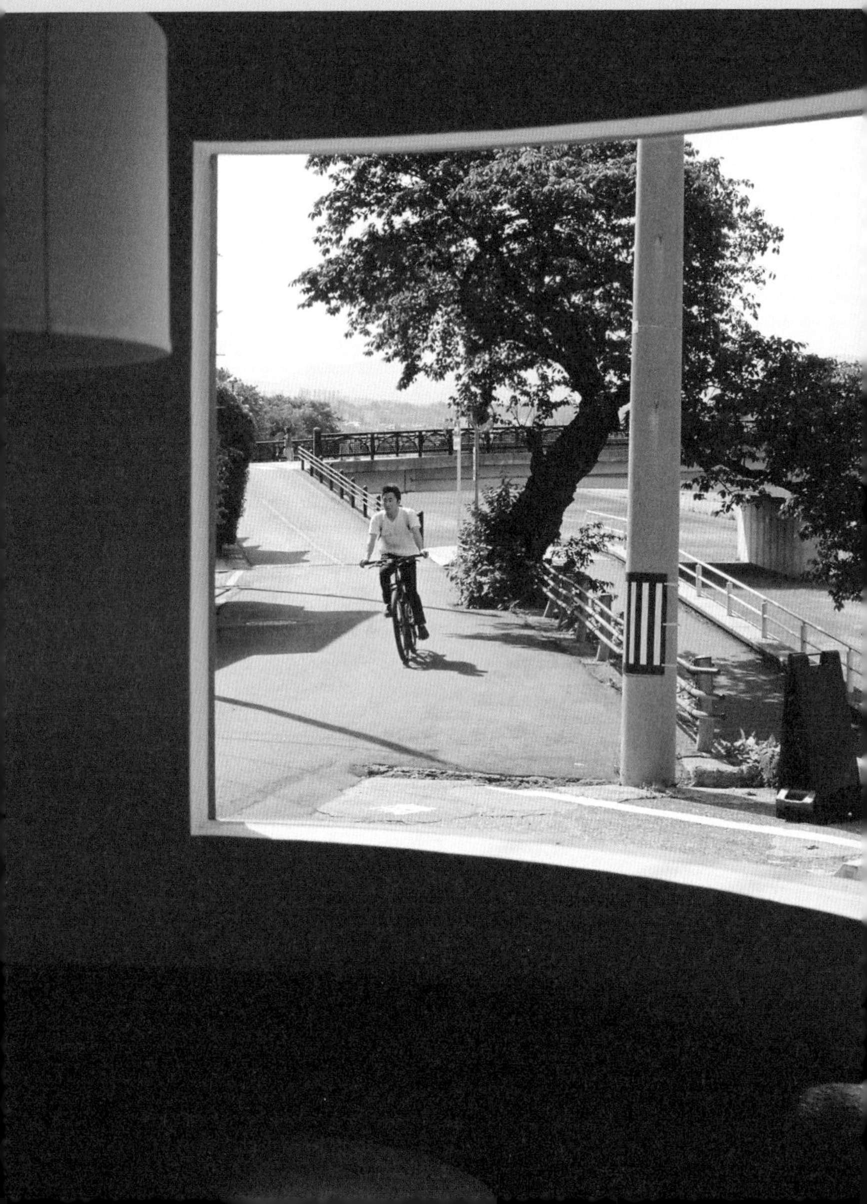

◀ 가나자와 역

N

가나자와
코마치

이나샤

이와모토
키요시 상점

사유

루구

콜라본

니와토코

히가시차야 거리

오미초 시장

다이쿠니즈시

코우미 카이

하치

아사노 강

쿠무

오요요쇼린
세세라기
도오리점

프라자 미키

니구라무

히라미판

글로이니

스크로 룸
액세서리즈

겐로쿠엔

타와라

시라사기

팩토리
줌머/갤러리

가나자와
21세기 미술관

나카무라
기념 미술관

아카기

신타테마치

스즈키
다이세쓰관

원원오따

사이 강

비스트로
유이가

니기니기

조-하우스

타프타

키쿠

미나 페르호넨
가나자와

갤러리
노와이요

오요요쇼린
신타테마치점

이시비키 퍼블릭

와카바

팔러코후쿠

벤리스 앤 잡

후쿠미츠야

팩토리 줌머/숍

카피레프트

200m

5

가나자와의
예술

미술관, 공원, 레스토랑과 바, 유려한 공간이
가나자와 중심부를 감싸고 지역 공예와 세계의
예술을 동시에 간직합니다. 이 모든 곳이 더해지면
거대한 미술관을 걷고 있는 기분이 듭니다.

나카무라
기념 미술관

산책길이자
미술의 입구

金沢市立中村記念美術館

Nakamura Memorial Museum

나카무라 기념관은 주로 다도와 공예작품을 전시하는 곳입니다. 우리가 찾았을 때 〈아름다움의 힘: 다도의 예술〉이라는 특별전 마지막 날이었습니다. 전시가 끝나면 열흘 넘게 쉬기 때문에 여러모로 다행이었어요. 다도와 관련된 다기를 주축으로 공예품을 전시하면서 기간을 이등분하여 전기와 후기의 전시품이 다르다는 말에 "관심 있는 사람이 두 번 올 수밖에 없겠네요" 하고 감탄했습니다.

사진과 실물을 병렬해두고 사진에서는 다기가 어떻게 조합되는지 보여주고, 실물로는 부분 부분에 집중할 수 있도록 배치해 놓았습니다. 사진으론 전체의 합을, 실물론 세부를 보도록 유도하는 방향이 멋졌습니다.

　미술관 뒷문으로 나서니 작은 정원이 나타났어요. 정원을 따라 산책로가 이어지는데 아사코 씨가 고등학생 시절 자주 걸었던 길이라고 합니다. 서늘한 산책로를 따라 걸으면 물줄기가 낙하하는 자그마한 폭포가 나타나고 가나자와의 주요 미술관과 박물관이 계속 이어집니다. 이시카와 현립 역사 박물관, 이시카와 현립 미술관, 21세기 미술관, 공연장과 공원이 섞여 이 구역에서만 며칠을 보낼 수도 있겠다고 생각했습니다.

　작은 미술관인 이곳이 어린 아사코 씨의 눈에는 커다란 성곽과 미술관, 공원으로 통하는 입구였던 셈입니다. 세 사람이 말없이 걸었어요. 학창 시절 걷던 길을 성인이 된 지금, 누군가에게 추천하고 있는 사람의 마음을 헤아려 보았습니다. 더 많이 바뀐 쪽은 미술관 뒷길일지 아사코 씨일지 혹은 어느 쪽도 거의 바뀌지 않았을지 모를 일입니다. 이 넓은 구역에 접근하는 방법은 여러가지가 있지만 다음번에도 나카무라 기념 미술관으로 들어가 뒷문 산책길을 거쳐 넓은 공원으로 나서고 싶습니다.

주소 金沢市本多町3-2-29 | 영업시간 9:30-17:00 | 휴일 연말연시
홈페이지 www.kanazawa-museum.jp/nakamura
전화 076-221-0751

미술관 뒷길과 통하는 현립미술관의
'르 뮤제 드 아쉬Le Musee de H'

정확히 입구에 머무른 빛을 보면서
다같이 기지개를 켰습니다.

스즈키
다이세쓰관

공간이 곧 사색이
되는 경험

鈴木大拙館

D.T. Suzuki Museum

좀 묘한 곳입니다. 사진을 많이 찾아보고 갔는데요, 보통 그렇게 눈으로 학습하고 가면 세 가지 중 하나죠. 사진과 똑같거나 사진만 못하거나 사진보다 낫거나. '스즈키 다이 세쓰관'은 그 어디에도 속하지 않습니다. 사진으로 분위기 를 충분히 접해도 직접 접하는 것과는 다릅니다. 더 좋거 나 나쁜 문제가 아니라 그곳에 앉아 시간을 보내는 것이 그토록 다른 종류의 경험입니다.

이름이 '관'으로만 지칭되는 것도 마찬가집니다. 여기가 미술관일까, 박물관일까, 추모관일까, 철학관일까, 구체적 으로 칭하기 어렵습니다. 처음에는 공간 구성이 이상하다 고 생각했습니다. 불교 철학자 스즈키 다이세쓰를 기리고 알린다기엔 전시 공간이 극히 작고 전하는 바가 적어서요. 학습용이라고 이름 붙인 별도 공간에도 열람 가능한 저서와 탁자가 놓였을 뿐입니다.

머릿속에 물음표를 띄운 채 동선 따라 담장 밖으로 나서면, 전시 공간과 학습 공간의 몇 배에 달하는 수경 정원과 사색 공간이 나타납니다. 언뜻 보기에 아름다운 정원을 하나 만들어 두고 정작 기리는 대상을 소홀히 대하는 듯 보입니다. 그 언뜻의 시간이 지나면 좀 다른 감정이 생겨납니다. 몸과 마음이 이곳에 10분 정도 머물길 기대한다면 그 시간에 몇 분만 더 더해보세요. 어디에 앉아도 관계없습니다. 사색 공간 속에 앉아도 좋고 계속 주변을 거닐어도 좋고 초입에 앉아도 좋습니다. 대단한 경치를 제공하는 곳이 따로 있다기보다는 보이는 제각각입니다.

맑은 날이었고 바람은 거의 불지 않았어요. 어떤 나무는 가만히 멈추고 어떤 나무는 약한 바람에 흔들렸습니다. 하얀 담장 위로 뻗은 갖가지 나무들이 담장에 넘쳐 길게 그림자를 만들었습니다. 강한 햇볕이 수경 정원 물에 반사되어 사색 공간 천정에 작은 빛무리처럼 움직였어요. 와중에 저 멀리 거대한 나무가 흔들려 이파리가 수면에 떨어집니다. 그럼 이파리가 옅은 파문을 만들면서 미세한 경사를 따라 이쪽으로 흘러내려오고 위쪽에는 까마귀가 울며 다가옵니다.

그렇게 하나둘 이파리가 모여 나뭇잎 무리가 되면 물이 고이는 곳에서 작은 소용돌이를 만듭니다. 물이 흐르는 게 불가능한 평지이지만 중앙에서 펌프를 올려 점점 퍼져나가게 합니다. 순식간에 보는 이를 압도하는 풍광은 아니지만 자그마한 요소가 모이고 쌓여 누군가의 꿈 한가운데 선 기분입니다.

수경 정원 쪽으로 뚫린 사색 공간에는 고등학생들이 견학을 나왔는데요, 어떤 학생은 벤치에 누워 졸고, 어떤 학생은 기념 사진을 찍고, 어떤 학생은 핸드폰을 보고, 어떤 학생은 이어폰으로 음악을 들으며 풍경을 바라보고, 어떤 학생들은 서로 대화하기 바빴습니다. 학교 밖이라 그런지 모두 각자의 방법으로 적당히 기뻐 보였습니다. 꾸벅꾸벅 조느라 저 세세한 풍경을 놓치다니 안타까워해야 할까요. 꿈속에서 멋진 곳을 여행할 수도 있겠죠. 저도 저 풍경을 보겠다고 그 시야 바깥의 많은 걸 놓치고 있는걸요.

바깥 산책로로 나서면 통로를 통해 아까 보았던 거대한 나무 아래로 걸어갈 수 있습니다. 방문객의 자리와 풍경의 자리가 구분되는 게 아니라 먼저 바라보았던 풍경의 위치로 가서 그 일부가 될 수 있다는 느낌이 묘합니다. 이곳의 모든 요소가 그의 철학과 맞물린다곤 생각하지 않아요. 다만 어떤 이를 기리는 공간에 평소보다 예민한 감정으로 오래 머물렀습니다. 우선 그걸로 충분할 거예요.

주소 金沢市本多町3-4-20 | **영업시간** 9:30-17:00
휴일 월 | **홈페이지** www.kanazawa-museum.jp/daisetz
전화 076-221-8011 | **입장료** 일반 300엔, 65세 이상 200엔(전시마다 다름)

아무날에는 가나자와

겐로쿠엔

정원 밖을 보는 정원

兼六園

Kenrokuen

가나자와성 공원과 비슷한 규모로 거대한 '겐로쿠엔'은 에도시대 때 만들어진 대정원입니다. 입구가 여럿이라 21세기 미술관 쪽이나 이시카와 현립 전통산업 공예관 쪽에서 진입하는 법이 좋아 보였습니다. 워낙 유명한 정원이기 때문에 늘 사람들로 북적거리니 이왕이면 이른 아침에 와서 느긋하게 즐기는 게 좋을 것 같습니다.

일본에서 가장 오래된 분수도 보고 거대한 소나무도 보고 작은 연못들도 구경했습니다. 메이지 기념 동상을 지날 때는 아사코 씨가 어렸을 때 저 동상을 무서워했다고 해서 다같이 괜히 째려보았습니다.

눈이 오면 유독 아름답다는 이야기를 들으니 정말 그래보였습니다. 가나자와는 비와 눈이 많이 와서 그런지 풍경이나 동네가 비와 어우러지는 형태로 발전했나 봅니다. 비가 오지 않아도 비가 왔을 때 광경이 그려지는 곳이 많았어요.

높은 비탈은 아니지만 서서히 지대가 높아져 정원 중앙까지 걸으면 가나자와 시내가 내려다 보입니다. 그러니까 이 정원은 정원 자체도 바라보면서 정원 바깥도 관람할 수 있는 곳입니다. 아사코 씨가 경비원에게 지금 여기에서 어느 쪽으로 걸을지 물으니 "저쪽으로 가면 분수가 있지, 하지만 이쪽으로 가면 시구레테이가 있는걸" 하며 진지하게 함께 고민해주는 모습이 정겨웠습니다.

대단한 나무나 최초의 분수도 좋았지만, 쉬지 않고 정원을 관리하는 모습에 감명받았습니다. 전통의상을 입은 관리자가 나무 앞에서 망치와 징으로 썩은 부분을 걷어내는 모습이나, 점점 기울어 가는 나무를 커다란 목기둥으로 받친 모습이나, 자갈길에 발자국이 나면 갈퀴로 다시 고르는 모습을 보았습니다. 어쩌면 일본의 정원이란 보기 좋도록 언제나 다듬는, 잘 계획된 자연일지도 모르겠습니다. 그래서 자연 그대로의 자연과는 다르지만, 정원만이 가진 운치나 분위기가 있습니다.

주소 金沢市兼六町1
영업시간 3월1일–10월15일 7:00–18:00, 10월16일–2월말일 8:00–17:00
홈페이지 www.pref.ishikawa.jp/siro-niwa/kenrokuen | **전화** 076–234–3800

가나자와 21세기 미술관

둥그렇게
헤매길 권합니다

金沢21世紀美術館

21st Century Museum of
Contemporary Art, Kanazawa

가나자와를 대표하는 공간 '가나자와 21세기 미술관'은 대표라는 말에 걸맞게 인파의 밀도도 관광객의 비율도 다른 곳보다 확연히 높습니다. 주말 오후에는 관람객이 줄지어 이동하니 평일 오전이나 낮 시간을 권합니다.

여러 번 동그라미를 그리게 되는 공간이에요. 먼저 전시장 바깥 설치물을 구경하며 한 번, 내부로 들어가 기획 전시를 보며 한 번, 둥근 뮤지엄 숍에 들러 한 번, 다시 바깥으로 나와서 또 한 번. 둥그런 대지 속 둥그런 미술관 속 둥그런 전시장을 이렇게 저렇게 빙글빙글 걸으며 그 곡선이 미술관이 가리키는 방향과 닮았다고 생각했어요. 작정하고 어딘가 향하는 게 아니라 미로처럼 헤매다 뜻밖의 작품과 마주하게 합니다. 어떤 작품은 의외로 쉽게 놓쳐 버리고 어떤 작품은 예상치 못하게 두 번 세 번 봅니다.

영구 소장품 중 잘 알려진 레안드로 에를리치의 〈수영장〉은 인기가 많아 다시 한 번 줄 서기도 합니다. 수면 위에서 수중을 바라볼 때보다 아래로 내려갔을 때 더 이리저리 관찰했어요. 마치 수중에 있다고 착각하게 만드는 작품이 아니라 수면이라는 얇은 인식의 막을 잠깐 비틀 뿐이지만, 누군지도 모르는 사람이 물 위로 아른거리는 모습을 보는 건 들뜨는 일이었습니다.

아사코 씨가 저희를 이끌고 제임스 터렐의 〈블루 플래닛 스카이〉 방으로 안내했는데, 동선에서 동떨어져 그런지 사람이 아무도 없었어요. 기대했던 것보다 크고, 예상했던 것보다 흥미로운 경험이었습니다. 하늘이 뚫린 방, 그것으로 끝이었지만 공터라기엔 구획되었고 창이라기엔 빈 공간이 큽니다. 낯선 요소가 하나도 없는데도 낯선 기분이었습니다. 눈이 내리면 어떨까요. 저 멀리에서 얇은 나뭇잎 하나가 바람에 날려 천장을 넘어 들어오는 일은 없었을까요.

전시장을 방랑하다 뮤지엄 숍에 들어갔습니다. 그 작고 둥근 공간에 전 세계인이 정상회담 하듯 빼곡히 모여 최선을 다해 작품을 고르고 있었고 미술관 기프트 숍에서 물건을 잘 사지 않는 저도 양손 가득 봉투를 들고 빠져나왔습니다.

어딘가를 대표하는 공간에 가면 명성만큼 진이 빠지기 마련인데 21세기 미술관에선 전시장답게 매번 그 내용이 차츰 바뀌기에 새로운 시간을 보냈습니다. 작품과 전시가 순환하니 이번 방문만으로 이곳을 완전히 정의할 수 없죠. 홈페이지를 종종 확인하며 마음을 이끄는 전시가 열리면 핑계 삼아 가나자와행을 결심하고 싶습니다. 아침 10시 개장에 맞춰 들어가 기대했던 전시 옆 전시에 의외로 마음을 빼앗긴 후에 가까운 '비스트로 유이가'에서 점심을 먹으며 오늘 본 것에 대해 친구들과 떠들었으면 합니다.

주소 金沢市広坂1-2-1 | 영업시간 10:00-18:00(금, 토 20시까지)
휴일 월, 연말연시 | 홈페이지 www.kanazawa21.jp
전화 076-222-2800

내가 내려다 보던
수면 아래에 서서
내가 서 있던
수면 위를 올려다 보는,
순환하는 감정을
느낄 수 있습니다.

그 사이에 타인과 시간이
계속 끼어드는 점도 좋습니다.

제임스 터넬의
'블루 플래닛 스카이'.

모퉁이에 앉아
맑은 하늘을 바라보면서
이상하게도 '비가 내렸으면 좋겠다'고
생각했습니다.

21세기 미술관 10주년을 기념해 만들어진 구조물 'Maru'.
바라보는 나와 미술관과 풍경 모두를 비춥니다.

27th exhibition

iwata keisuke

2018.04.27 fri.-05.27 sun.
11:00 → 18:00

약간
가능

문의 후
가능

팩토리
줌머/갤러리

지금 공예가
움직이는 법

factory zoomer/gallery

'팩토리 줌머/갤러리'는 21세기 미술관에 들르기 전에 방문하는 편이 좋습니다. 3주 혹은 한 달에 한 번 새 전시를 여는 작은 갤러리입니다. 안쪽 구석에서는 츠지 카즈미 씨의 유리 견본을 늘 전시하고, 바깥 창가 쪽에서는 그때그때 다른 전시를 엽니다. 우리가 갔을 땐 도예 작가 이와타 케이스케 전시가 진행 중이었어요. 그의 작품은 균형이 무너지거나 균열이 생긴 것처럼 보이지만 실은 모두 특유한 세계입니다.

　팩토리 줌머/숍이 일상과 연결된다면 갤러리는 특별한 시간, 생활과 이어진다고 했습니다. 팩토리 줌머/숍과 갤러리는 일상의 시간부터 특별한 시간까지 모든 시간을 아우른다고 할 수 있죠. 숍에서 매일 입는 옷을 판매하기도 하지만 갤러리에서 그저 바라보기만 하는 용도의 사물을 걸어놓기도 합니다. 주로 운영자인 츠지 카즈미 씨가 소장하거나 사용하는 작품의 작가 위주로 전시한다는 말이 언뜻 당연해 보이지만 즉흥보단 확신에 의해 운영한다는 의미겠지요.

운영자인 작가 자신의 작업만 반복해 강조하는 게 아니라 다른 작가, 작품, 브랜드, 제품을 통해 서로 긴장하게 만듭니다. 고이지 않고 흐릅니다. 지금 가나자와의 공예가 어떤 방법으로 움직이는지 츠지 카즈미 씨와 팩토리 줌머를 통해 관찰해 보길 바랍니다.

주소 金沢市広坂1-2-20 | **영업시간** 11:00-18:00 | **휴일** 월
홈페이지 www.factory-zoomer.com | **전화** 076-255-6826

츠지 카즈미 작가의 유리 작업들.

비스트로
유이가

환대를 요리하는
레스토랑

bistro YUIGA

신타테마치에서 3분 거리 고풍스러운 골목 끝에 나타나는 '비스트로 유이가'는 가나자와 사람들에게 유명한 레스토랑입니다. 공식 홈페이지가 가게를 좋아하는 사람들이 만든 팬 페이지일 정도입니다. 기념할 일이 있거나 오늘 좋은 요리를 먹자 싶을 때 찾는 곳이에요. 고요한 동네 끝에 간판을 찾기 전까진 여기가 가게가 맞나 생각하게 되는 주택을 개조해 만들었습니다.

프랑스 요리를 기본으로 하지만 정통 방식에만 매달리지 않고 조금씩 응용해가며 메뉴를 만듭니다. 먼저 잔 와인을 주문했는데 와인을 종류별로 설명해주고 무엇보다 일반적인 비스트로의 글라스 와인보다 월등히 맛이 좋았습니다. 아직 요리 하나 나오지 않았는데 와인 맛에 안심하고 요리를 기다렸습니다.

다른 스태프 없이 부부가 직접 운영합니다. 두 사람이 서로 존중하면서 준비의 합이 딱딱 맞아 보였습니다. 저렇게 멋진 어른을 좀처럼 발견하기 어렵기 때문에 존재만으로 감사한 기분이 들었습니다. 친절하다든가 온화하다든가 자상하다는 말로 다 설명되지 않는, 삶 자체가 나긋한 분들이었어요. 쥐어짜낸 표정이나 설정한 분위기가 아니라 있는 그대로의 모습인데도 대체 불가능한 사람들이 있더군요.

직접 만든 빵을 먼저 내어주었습니다. 저와 모모미 씨가 빵을 먹자마자 입을 모아 "베이커리도 아닌데 이렇게 맛있는 빵이 나올 수 있군요" 하고 말했고 아사코 씨가 그렇지 않아도 이곳 마카롱은 유명해서 사 가는 사람이 많다고 했습니다.

여러 채소 절임부터 시작해서 죽순 요리, 생선 찜까지 먹었습니다. 머릿속에 생선 맛이 강하게 남았어요. 비린내를 잡는다고 생선 본연의 맛 자체를 날려 퍼석퍼석하기만 한 경우가 있는데 정확히 그 사이에 위치합니다. 요리가 한 접시 나올 때마다 매번 주인장이 주방에서 나와 영어로 하나하나 재료와 특징을 설명해주었습니다.

요리가 전부 나온 뒤에야 긴장을 풀고 환한 얼굴로 서로 이런저런 이야기를 나눴습니다. 대화 역시 응대의 일부라기엔 나긋나긋 자연스러워 서로 예상치 못한 이야기도 마구 해버렸습니다. 비스트로 입구부터 인테리어, 조명, 음식, 주인장까지 대단한 요리사의 집에 초대받아 오래 머문 느낌이었습니다. '환대'라는 표현이 늘 과장된 면이 있다고 생각하는데, 정말 큰 환대를 받고 나왔어요.

채소와 함께 찐 도미 요리.
베어 물었을 때 부서지지 않으면서
부드럽게 씹힙니다.

주소 金沢市水溜町4-1 | **영업시간** 12:00-13:30, 18:00-21:30
휴일 월, 첫째주 화 | **홈페이지** www.juno.dti.ne.jp/~arumami/yuiga
전화 076-261-6122

시라사기

나를 닮은 칵테일을
마실 수 있는 곳

shirasagi/白鷺美術

처음 아사코 씨가 '시라사기'를 추천했을 때 좀 의아했습니다. 사진을 찾아보니 그저 어둑어둑한 바였거든요. 눈으로는 언뜻 그 특성을 눈치채지 못하겠더라고요. 아사코 씨의 안내가 없었더라면 사진 한두 장 찾아보고 목록에서 빼버렸을지도 몰라요. 이곳에서 얼마나 즐거운 시간을 보낼지 전혀 모른 채 말이죠.

미술 작가 하야타 씨가 운영하는 시라사기엔 없는 게 많습니다. 우선 메뉴가 없습니다. 처음엔 메뉴가 있었지만 점점 자신만의 방법으로 술을 만드는 재미에 메뉴를 아예 없앴다고 합니다. 메뉴판을 식당의 법전 같은 존재라 생기는 순간 주방장도 손님도 그 메뉴에 종속되죠. 그리고 안주가 없습니다. 넓은 바를 혼자 운영할 때 택할 수 있는 좋은 답이라 생각했어요. 식사를 배불리 했거나, 혼자 조용히 있고 싶거나, 거대한 회식 자리에서 도망쳐 나왔거나, 마실 것에 기대어 한 시간이고 두 시간이고 머물고 싶은 사람들을 위한 곳입니다.

　마지막으로 조명이 약합니다. 카운터 자리는 유독 더 어두워서 뭔가 읽어야 할 때 작은 손전등을 건네주는데 손안에 들어오는 손전등을 딸깍 눌러 켤 때 기분이 귀여웠습니다. 그렇다고 그런 컨셉을 과시하지도 않습니다. '조명이 어두워 손전등을 쓰는 우리 가게가 얼마나 멋있나' 이런 쪽이 아닙니다. 그저 자연스럽게 어둑어둑 서로 분리되는 공간을 만들었고 자연스럽게 필요하니까 손전등을 쓸 뿐입니다.

　위스키, 진, 맥주처럼 그대로 주문할 수 있는 술도 있지만 무엇보다 자신에게 필요한 걸 이야기하면 만들어줍니다. 마음에 안정과 사치가 필요했지만 이 바에 요구할 건 아닌 것 같았습니다. 저는 '지금 피곤해서 과일향이 필요합니다'라고 했고 모모미 씨는 '목이 부어서 목에 좋은 게 필요합니다'라고 했습니다.

　모두 지나치게 필요라는 단어에 매달린 듯 하지만 우선

그렇게 말해보았습니다. 주인장은 잠깐 생각하더니 곧바로 만들기 시작했습니다. 제 앞엔 붉은 색, 모모미 씨 앞엔 청색 칵테일이 놓였습니다. 그 칵테일을 한입 마시자마자 둘 다 "여기 오길 잘했어"라고 말했습니다. 맥주나 위스키는 머릿속에서 알고 있는 맛을 익숙하게 마시는 거라면 시라사기의 칵테일은 좋은 친구에게 상담받는 기분입니다. 그날 마지막 일정이었는데 사라진 체력이나 흐물흐물해진 기분이 여러 과일맛으로 채워졌습니다. 모모미 씨는 허브와 오렌지가 더해진 칵테일을 받았는데 나름 효능을 지닌 술이라니 즐거운 표정이었습니다.

주인장이 멋진 유니폼을 입은 것도 아니고, 대단한 솜씨로 얼음을 깎는 것도 아니지만 어째서 아사코 씨가 가나자와에 오면 꼭 들른다고 했는지 알았어요. 사진으로는 절대 가늠할 수 없는, 대체 불가능한 분위기와 음악과 맛이 있습니다. 추상적인 요청도 가능한지 궁금해서 "어떤 영화 같은 칵테일도 가능한가요?"라고 물었더니 물론이라고 합니다. "절 보고 떠오른 칵테일을 만들어주세요"라는 손님도 많아서 그런 도전도 얼마든지 좋다고 했습니다.

주인장은 영화 마니아이기도 해서 매번 한쪽 벽에 좋아하는 영화를 틀어 둡니다. 두 달에 한 번 공연도 열리고 위층 갤러리에서는 가끔 전시도 진행합니다. 공연을 할 땐 또 전혀 다른 공간이 되겠죠. 여러 매체와 방식을 다루면서 동시에 자신의 관심사와 전문영역을 벗어나지 않는 것이 시라사기의 매력입니다.

커피와 차도 마실 수 있어서 가나자와에서 늦은 시간까지 좋은 드립커피를 마시고 싶을 때 들를 곳이기도 합니다. 어느덧 16년 된 이곳에서 입 밖으로 말하지 않았는데도 저에게 필요한 안정과 사치를 모두 누렸습니다.

주소 金沢市柿木畠4-16 | **영업시간** 20:00-2:00
휴일 월 | **홈페이지** www.shirasagi-art.net | **전화** 076-231-4550

◀ 가나자와 역

N

가나자와
코마치

이나사

이와모토
키요시 상점

사유

콜라본

히가시차야 거리

오미초 시장

루구

다이쿠니즈시

니와토코

쿄우미 카이

쿠무

하치

오요요쇼린
세세라기
도오리점

프라자 미키

니구라무

히라미판

글로이니

스크로 룸
액세서리즈

겐로쿠엔

백토리
줌머/갤러리

시라사기

가나자와
21세기 미술관

타와라

나카무라
기념 미술관

아카기

스즈키
다이세쓰관

신타테마치

원원오따

비스트로
유이가

니기니기

조-하우스

타프타 키쿠

미나 페르호넨
가나자와

갤러리
노와이요

오요요쇼린
신타테마치점

이시비키 퍼블릭

와카바

벤리스 앤 잡

팔러코후쿠

후쿠미츠야

백토리 줌머/숍

카피레프트

200m

6

완벽한
골목과 하루

자연스럽게 형성된 골목에서 도시락과 섬세한 옷,
책과 카레, 오뎅과 좋은 술로 반나절 넘게 즐겁게
보낼 수 있다면 얼마나 좋을까요. 특별히 이동할
필요 없이 이곳에서는 모두 가능합니다.

니기니기

20인 한정 도시락과
공원

niginigi

온천을 가기로 한 날이었습니다. 가나자와에는 시내에도 외곽에도 여러 온천지와 대중목욕탕이 있습니다. 그중 우리가 고른 곳은 '카우리 커피'와 가까운 '유라쿠 온천'이었어요. 배불리 먹고 온천에 가긴 부담스러우니 가벼운 도시락을 사서 근처 공원에 가 먹기로 했습니다. 그래서 가게된 곳이 '니기니기'입니다.

니기니기에 들어가기도 전에 여긴 분명히 맛있을 거라 예감했습니다. 창문 너머 보이는 가게의 모습이 그랬습니다. 여러 식재료와 야채, 과자가 놓였는데 산만하지 않았어요. 복잡한 요소 속에서 나름의 질서를 유지하는 가게에 가면 늘 감탄합니다.

공간을 둘로 나누어 절반은 다른 이가 커피점으로 운영하고 나머지 절반을 니기니기가 씁니다. 커다란 주방에 카운터 바 하나가 전부인데 바에 앉아 먹기를 권장하기보다 다들 포장해 가는 듯했습니다. 채식 요리만 만드는 니기니기는 그날그날 점심 도시락을 20개 한정으로 만들어 팝니다. 도시락을 세 명분 들고 나오려는데 유리병에 담긴 스콘이나 쿠키를 보고 그만 반사적으로 사고 말았습니다. 나무 카운터 위 커다란 유리병이 정오의 빛에 빛날 때 그 속에 담긴 스콘들이라니 안 살 수가 없었습니다. 직접 만든 음료도 있는데 이동해야 하니 도시락과 스콘으로 만족해야 했습니다.

하얀 비닐봉지에 도시락을 삼단으로 담고 공원으로 향했습니다. 공원 잔디밭을 바라보면서 벤치에 나란히 앉아 도시락을 열었습니다. 하얀 쌀밥에 반찬, 버섯과 호박과 콩 요리 그리고 고구마 튀김이 보였어요. 언뜻 반찬 양이 적어 보였지만 한입 한입 먹으니 얼마나 적당히 맞춘 구성인지요. 짭조름한 콩 요리와 고구마 튀김이 백미였습니다.

고구마 튀김은 튀김가루 대신 전분을 썼는데, 전분에 적절히 간이 되어 어떤 양념에 찍어 먹지 않아도 메인 요리의 힘을 발휘합니다. 베어 무니 입안으로 고구마 향이 퍼지는 동시에 입술로는 튀김옷의 짠 맛을 느끼는데, 다리를 앞으로 쭉 펴며 '이야' 하고 외쳤습니다. 집 근처에 이런 곳이 있다면 일주일에 두어 번씩 들러 20명 안에 드는 법을 터득했을 거예요.

공원 벤치에 나란히 앉아 각자 도시락을 우물우물 먹는 순간이 고마웠습니다. 보통 공원에 가면 둥글게 앉아 서로 먹는 장면을 지켜보게 되는데 제 앞으로 가까이 니기니기의 채식 도시락이, 멀게는 초록의 공원이 펼쳐졌고 각자의 감탄사를 추임새 삼아 먹는 일에 열중했습니다. 시야가 멀리 트이는 점심 시간이었습니다. 내려 보고 한입 가득 밥과 고구마 튀김을 넣고 고개를 들면 하늘과 산과 아이들과 잔디밭과 자전거와 빈 의자들이 보였습니다. 온천지로 이동하려면 좀 더 빨리 움직여야 했지만 다들 어쩐지 평소보다 천천히 먹었습니다. 니기니기의 도시락도, 공원의 풍경도 우리의 시간을 가질 충분한 자격이 있었습니다.

주소 金沢市石引2丁目7-2 | 영업시간 11:00-18:00
휴일 토, 일, 공휴일 | 홈페이지 r.goope.jp/niginigi

후쿠미츠야

좋은 물로 쌓아온
400년

福光屋

Fukumitsuya

오래된 양조장이자 술 가게, '후쿠미츠야'입니다. 사케 맛을 잘 구분하지 못해서 처음엔 과연 어떨까 싶었는데 가보길 잘했어요. 1625년 창업한 브랜드라는 이야기에 전통가옥이나 기와가 올라간 거대 건물을 상상했는데, 현대식 세련된 가게가 나타나 아사코 씨에게 몇 번이나 "여기라고요?" 확인했습니다.

　사케뿐 아니라 탄산주, 과실주, 식혜, 쌀 우유, 요거트, 미림, 조미료, 카스테라, 아이스크림, 생수, 발효화장품을 제조·판매합니다. 그러니까 술을 기본으로 물과 쌀의 영역을 넓혀가는 곳이더군요. 우유와 요거트 중 뭘 살까 고민하다 '잠깐, 여긴 술 전문점이잖아!' 하고 정신을 차렸습니다.

거의 400년 된 회사이지만 패키지 디자인이 날카로워서 지금의 감각에 잘 맞습니다. 전통적인 사케 라벨은 굵직한 글씨로 전형에 벗어나지 않으면서 탄산주나 과실주는 몇백 년 된 회사의 술이 맞는지 재차 확인할 정도로 딱 지금 형태입니다.

이것저것 살피면서 규모가 큰 회사인데 예상보다 공간이 작구나 생각할 때 매니저가 "그럼 양조장 쪽도 가보실까요?" 제안했습니다. 판매점 뒤로 돌아 걸으니 몇 배의 몇 배에 달하는 건물이 이어지고 창고, 공장, 양조장이 나타났습니다. 세 명이 최고급 술 한 병 제작에 집중하는 모습도 보고 축제에서 나눠 마신다는 나무통술이 쌓인 모습도 보고 상상 그대로 벨트를 타고 이동하는 사케 병과 출하를 기다리는 박스도 봤어요.

마지막으로 도착한 곳은 양조장 앞이었는데요, 이시카와현의 화산 '하쿠산'으로부터 흘러내려오는 물 백년수를 뜰 수 있는 곳이었습니다. 후쿠미츠야의 술도 이 백년수로 만든다고 합니다. 물이 좋아서 주민들도 뜨러 온다고 말할 때 동네 할머니가 증명하듯 불쑥 나타나 익숙하게 인사하고는 큰 통 가득 물을 떠갔습니다. 작은 잔에 물을 떠 마셔봤어요. 아무런 맛이 나지 않았어요. 조금 더 정확하게 말하면 지독하게 아무 맛도 나지 않았습니다. 산에서 흐른 물치곤 지나치게 맑아서 단맛도 쓴맛도 없이 꿀꺽 넘어갑니다. 종이로 치면 미색과 백색이 있을 때 고백색이라 부르는 색상 같달까요. 극히 맑아서 원하는 방향대로 양조하기 알맞을 것 같았습니다. 10월에서 4월까지는 양조장 견학 프로그램도 운영한다고 합니다. 눈 잔뜩 쌓인 가나자와에서 신기할 정도로 맑은 물로 술 빚는 광경을 보고 싶습니다.

조미료로 쓸 수도 있고 우유에 타 마시거나 아이스크림 위에 뿌릴 수도 있는 '7년 숙성 검은 미림'과 '술 카스테라'를 샀어요. 독한 술을 못 마시는 부부에게는 더할 나위 없는 결정이었습니다. 부드러운 카스테라를 씹을수록 옅은 술 향이 퍼집니다. 아침 8시에 신나게 먹다 설명을 읽어보니 알콜이 3도나 된다고 해서 괜히 놀라는 척하며 좋은 하루를 시작했습니다.

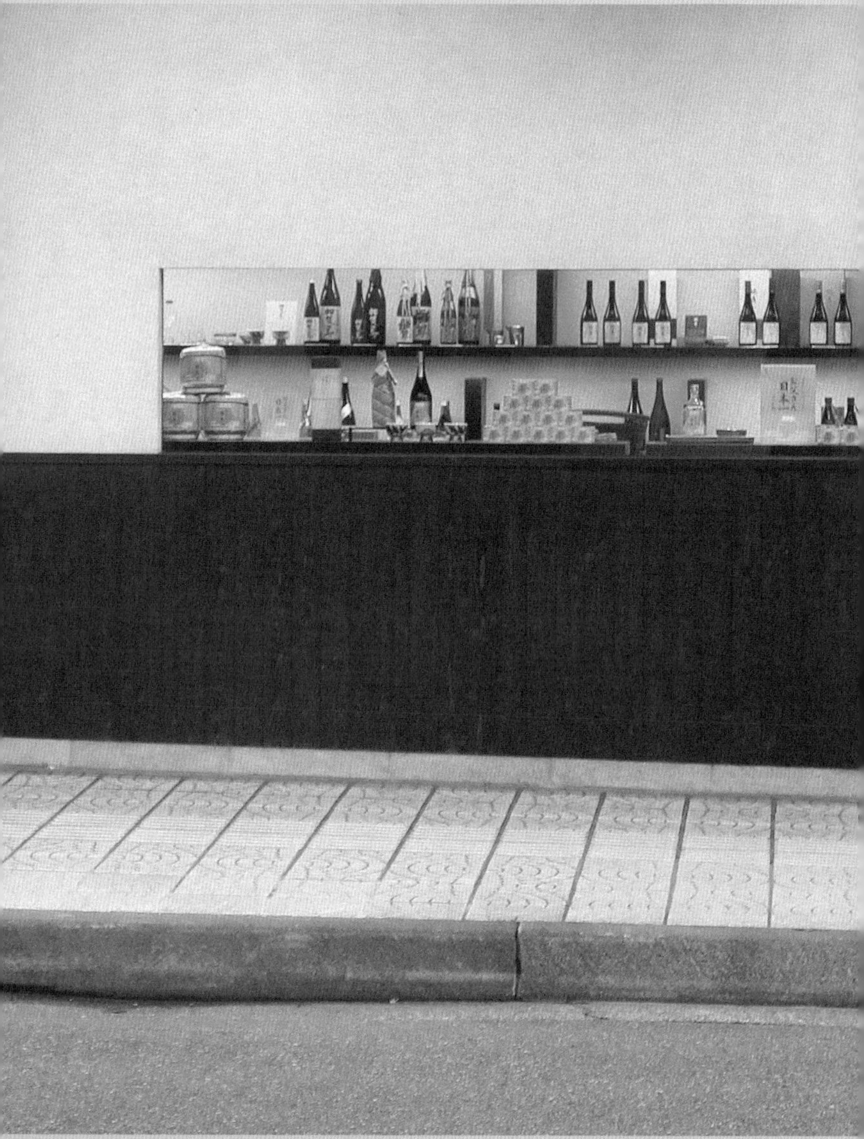

미나 페르호넨
가나자와

촘촘한 브랜드가
지역을 맞이하는 법

ミナ ペルホネン 金沢

minä perhonen Kanazawa

디자이너 미나가와 아키라가 1995년부터 시작한 브랜드 '미나 페르호넨 가나자와'는 20년 넘게 활동하며 지점과 영향력을 넓히는 중입니다. 의류와 텍스타일 제작뿐 아니라 브랜드 전시도 진행하고 다른 브랜드와의 콜라보레이션 제품은 서두르지 않으면 살 수 없는 속도로 판매됩니다. 일본 내 고정 팬도 많고 미나 페르호넨을 닮으려는 디자이너나 브랜드도 자주 눈에 띕니다.

각 지점의 방향을 설정하고 내부를 꾸미는 법 또한 극히 모범적이어서 지점마다 배울 게 산더미지만, 배웠다고 다 따라할 수 있는 것도 아닙니다. 도쿄와 교토의 여러 지점을 방문해봤지만 문을 열 때마다 철저하게 조율된 공간에 들어왔다고 느낍니다. 지점마다 설정이 디테일하게 다르기도 하고요. 고가의 브랜드입니다만 공간을 그저 값비싸게 꾸몄다기보다 예스럽게 다가옵니다.

가나자와 지점은 상업지구에서 살짝 떨어진 주택가 사이에 위치해서 아사코 씨가 없었더라면 제대로 못 찾았을지도 모르겠습니다. "우리 잘 가고 있는 거예요?" 물었을 때 마침 전봇대에 익숙한 나비 문양이 보여 다 왔구나 싶었어요. 오래된 가옥을 개조해서 만든 지점답게 무척 소극적으로 동네 속에 숨은 모양새입니다. 간판도 지나치기 쉬울 뿐 아니라 집 안으로 들어갈 때까진 미나 페르호넨 특유의 색상이나 패턴 하나 보이지 않으니까요.

대문을 지나 현관을 열면 그제야 입구가 나타나는데 신발을 벗고 슬리퍼로 갈아 신습니다. 이 역시 자체 제작한 것인데요, 부드럽고 편해서 룸 슈즈를 신고 가죽 다다미 바닥 곳곳을 돌아다니다 보면 너무나 자연스럽게 "이 슬리퍼, 판매하는 것인가요?" 묻게 됩니다. 판매용이라는 대답을 들었을 때 천만다행이라고 생각했습니다. 이곳에 들르는 모두에게 제품을 자연스럽게 경험하게 하는 방식이 대단합니다. 이 글을 쓰는 지금도 그 슬리퍼를 신고 있습니다.

큰 이층집을 개조하여 여러 방과 그 연결통로를 자연스

럽게 살려 두었습니다. 고풍스러운 집을 누비며 발견하는 재미가 있습니다. 안쪽 방에는 옷감만 모아두고, 통로에는 아동복, 반대편 방에는 양말과 스카프, 액세서리를 놓아두었습니다. 옷걸이마다 비슷한 색감의 옷만 모아 걸어 둔 모습도 인상적이었어요. 2층은 사무실로 쓰다가 이벤트나 워크숍이 열리면 개방한다는데 2층 공간이 궁금해서 알아듣지도 못할 워크숍을 신청하고 싶을 정도였습니다.

　제품이 수백 개 진열된 것도 아닌데 하나씩 구경하다 보니 다른 상점보다 시간이 더 빨리 흐르더라고요. 무언가 구매하면 포장하는 동안 정원 쪽 문을 열어주고 쪽마루에 앉아 차를 마실 수 있게 합니다. 저에게만 잠깐 허락된 풍경을 보며 쉬었습니다. 미나 페르호넨 가나자와점은 이 브랜드가 스스로 어떻게 보이고 싶은지 분명히 설계된 공간이고, 잘 직조된 가게에서 소중한 것을 고른다는 기분을 갖게 합니다. 집에서 회색 슬리퍼 'home birds'를 신을 때마다 그때 생각을 합니다.

주소 石川県金沢市 石引2-17-19 | **영업시간** 11:00–19:00
휴일 없음 | **홈페이지** www.mina-perhonen.jp/shop/ishikawa/
전화 076-223-3722

이시비키
퍼블릭

작은 책방의 즐거움

ISHIBIKI PUBLIC

서점 '이시비키 퍼블릭'은 개점한 지 3년 된 서점입니다. 그래픽디자이너인 주인장이 디자인 작업을 하면서 복층을 리소그래피 인쇄소로 씁니다. 주로 예술과 문화에 관한 책을 신간 위주로 판매합니다. 오요요쇼린이 가나자와 시민들의 책을 회전시키는 중추와 같다면 이시비키 퍼블릭은 전국에서 만들어진 예술 서적을 알맞게 골라 선보이는 쪽입니다.

　입구에 들어가기 전에 아주 작은 책 수레에 중고책들을 모아 파는 모습이 보입니다. 이 책방 속에 또 하나의 형태로 존재하는 헌책방 같다고 할까요? 들어가자마자 높다랗게 보이는 책장에 사진, 회화, 인쇄, 일러스트레이션에 관한 책들이 잘 정돈되어 있고 그 옆으론 자그마한 카페도

겸합니다. 짧은 계단을 내려가면 살짝 낮은 공간에 다시 책이 이어집니다. 입구의 예술서보다 동화, 만화, 실용서, 논픽션, 도감 등 넓은 분야의 책을 다시 골라둔 것이어서 서점의 성향과 제가 어떤 책에 반응하는지 번갈아 느끼기 좋았습니다. 더구나 책이 대부분 딱 한 권씩이라 모든 게 마지막 재고처럼 긴박한 느낌이었습니다. 책을 사 가면 안쪽에서 다시 한 권이 나타날지는 모르겠습니다만, 여기 꽂힌 모든 책이 각 한 권씩이라는 걸 인식하니까 책장을 더 꼼꼼히 훑게 되더라고요.

가나자와 출신인 주인장은 자신의 고향인 이곳에 헌책방이나 대형서점들밖에 없어서 자신이 할 수 있는 작은 크기로 신간을 파는 책방을 열었다고 합니다. 그래픽디자이너의 작업실이자 인쇄소이자 서점인 셈입니다. 우리 역시 서점인 동시에 출판사여서 뭔가 동질감이 들었습니다.

책방 근처에 어떤 식당을 추천하는지 물어보니 그 즉시 배포 중인 '조-하우스' 엽서를 건네주었습니다. 다른 곳에서도 조-하우스에 관해 들었는데 "조-하우스에 가보세요"라는 말투가 추천이라기보다 '꼭 가보는 편이 좋을 걸'에 가까워서 더 궁금해졌습니다.

주소 金沢市石引2丁目8-2 | 영업시간 11:00-19:00 | 휴일 일, 월
홈페이지 www.ishipub.com | 전화 076-256-5692

조-하우스

아지트에서 먹는
고마운 카레

JO-HOUSE

1972년 시작한 카레 전문점입니다. 분명 식당인데 아사코 씨가 '맛있는 곳'이 아니라 '재미있는 곳'이라고 소개해서 궁금했어요. 80년 된 오뎅집 옆에 40년 된 카레집, 그러니까 어떤 주민이 40년째 조-하우스에서 플레인 카레를 먹고 옆집인 '와카바'에서 맥주 한잔에 새우 오뎅을 곁들여 하루를 마감할 수도 있다는 뜻입니다.

가나자와대학 부속병원과 가나자와 미술공예대학이 가까워서 학생들의 아지트 같은 곳이겠구나 짐작했습니다. 문을 열고 들어갔을 때도 학생 한 명과 샐러리맨 한 명이 각자 자리에서 각자 책을 보며 카레를 먹고 있어서 역시, 했습니다.

대학생이 많이 오는 카레 가게에 앉으니 자동으로 학생 때가 떠올랐나 봅니다. 요거트 카레와 생맥주(소)를 주문했습니다. 계란 프라이 카레, 화이트소스 카레, 카츠 카레 중에 고민하다 과감히 화이트소스를 도전해볼까 싶었지만 주문 직전 마음을 바꿨습니다.

요거트 카레가 나왔습니다. 넓고 둥근 접시에 밥 모양을 잡지 않고 턱턱 담겨 머릿속에 호감 스티커 하나를 붙였습니다. 카레집에서 괜히 밥 모양을 둥글게 잡느라 심하게 누르면 그 부분 밥알이 뭉쳐서 한 입 떴을 때 균형이 무너져 맛도 별로거든요. 카레는 예상보다 매콤했는데 요거트가 많은 쪽을 떠먹으면 요거트가 카레의 강한 맛을 순간적으로 잡아줘서 부드럽게 넘어갑니다. 토핑으로 얹은 건포도를 보고 어떤 의미가 있을까 의심했는데 독특한 맛을 더해줬습니다. 카레 한가운데 건포도가 농축된 과일향을 콕 찔러 더합니다.

조-하우스의 카레는 우리가 흔히 일본식 카레도 아니고 가나자와 고유의 것도 아닙니다. 하지만 현지 주민들이 자주 먹는 음식을 먹을 때마다 느끼는 점이지만 가나자와풍보다 조-하우스풍이 더 중요하고, 또 그것을 잘 지켜낸 집입니다.

그런데 안타까운 이야기를 덧붙여야 할 것 같네요. 대학생 시절 가장 자주 간 식당이 카레점이었는데요, 맛도 좋았지만 그보다 빨리 나오고 빨리 먹을 수 있고 든든하기 때문이었는데, 생각해보면 왜 그렇게 여유가 없었는지 안스럽기도 하고 웃음이 나기도 합니다. 돈가스 카레를 잘 하는 곳이었는데 접시에 포크 없이 스푼만 나왔습니다. 특별히 포크를 쓸 필요 없을 정도로 돈가스가 부드러웠거든요.

한국에 돌아와 궁금한 마음에 검색해보니 가격도 올리지 않고 십몇 년을 운영하다 얼마 전 문을 닫았더라고요. 고마운 사람에게는 될 수 있는 한 그때그때 고마움을 표현해야겠다고 생각했습니다. 표현할 수 있을 때를 놓치지 않도록, 그 고마운 사람이 지치지 않고 더 오래 버틸 수 있도록.

주소 金沢市石引2-7-10 | **영업시간** 11:30-15:00, 17:30-24:00
휴일 일 | **홈페이지** news.ap.teacup.com/johouse
전화 076-222-5960

와카바

80년 오뎅

若葉

'조-하우스'에서 카레를 먹고 주변을 산책하다 주점을 하나 발견했습니다. 대로변에 있는, 가게 안이 잘 보이지 않는 곳이었는데요, 제가 바라보는 동안에만 세 팀이 종종걸음으로 문을 열고 들어갔습니다.

식당이나 주점 앞을 지켜볼 때 앞에 놓인 모형과 메뉴를 찬찬히 살펴보며 "여기 어떨까" 상의하는 곳이 있는가 하면, '와카바'처럼 모형도 없고 메뉴도 없지만 동네 주민들이 벌컥벌컥 문 열어 들어가는 곳도 있죠. 고민할 필요 없는, 이미 출발하기 전부터 여기에서 오뎅을 양껏 먹기로 정한 사람들일 겁니다. 입구에 상세한 안내가 없는 식당은 자신감의 표현일 수도 있지만, 글자나 모형같은 정보보다는 실제 먹어본 사람들 위주로 모으려는 의도일 수도 있습니다.

한 자리에서 84년간 3대째 이어가고 있는 와카바는 오래 쌓인 시간을 믿는 쪽일 겁니다. 가나자와와 이 골목의 변화를 지켜본 가게겠죠. 상점이 골목을 지켜본다는 건 대단한 일입니다. 긴 시간 동안 정겨운 가게가 사라지고, 새로운 가게가 생겨나고, 편의점이 들어오고, 누군가 죽고, 누군가 태어나고, 어떤 사람은 가나자와를 떠나고, 어떤 사람은 찾아오겠죠. 단골손님이 어느 기점부터 찾지 않아 근황을 궁금해 하기도, 다음 세대가 새로운 단골이 되기도 할 터입니다. 오뎅 맛을 한결같이 오래 지키는 주점은 홀로 외롭겠지만, 그만큼 사명감으로 동네 사람들의 웃음과 관계를 책임집니다.

드르륵 문 열면 보이는 광경에 오뎅을 먹기도 전에 머릿속 기대치를 한 칸 올렸습니다. 디귿자 카운터 자리가 눈에 크게 들어오고 주인장, 갖가지 오뎅, 손님들 모습이 차례로 보입니다. 생맥주를 시키고 그때부터 한 접시씩 끝없이 먹기 시작했어요. 둥근 오뎅, 네모난 오뎅, 곤약과 실곤약, 새우가 들어간 오뎅, 삶은 계란, 삶은 무, 두부, 죽순, 야채 그리고 인상적인 맛은 한 접시 더 시키면 됩니다. 오뎅 바로 앞에 앉으면 굳이 메뉴판을 보지 않아도 이거 주세요 가리킬 수 있어 좋았습니다.

아사코 씨가 이곳에선 이걸 꼭 먹어야 한다며 도테야끼라는 돼지고기 꼬치구이를 주문했습니다. 오뎅집에서 돼지고기 꼬치라니, 우리끼리 왔다면 절대 시키지 않았겠죠. 작은 접시에 꼬치 두 점이 놓였습니다. 돼지고기 위에 노란 소스가 듬뿍 올려졌고 그 위로 파가 한가득입니다. 냉큼 우물우물 씹다가 이 비장의 무기는 뭘까 감탄했습니다. 구이도 조림도 아닌데 또 어떻게 보면 구이이자 조림이면서 파의 식감과 연한 머스타드 소스 향이 어우러져 혀와 머리가 신납니다.

만드는 과정을 보니 그럴 만하더군요. 돼지고기를 구운 뒤 소스를 따로 올리는 게 아니라 먼저 한쪽면을 구울 때 위에 소스를 올립니다. 아랫면이 다 구워지면 뒤집어야 하잖아요? 그럼 소스를 담뿍 묻힌 채 뒤집어서 그때부턴 굽는 동시에 소스에 조려집니다. 그때 다시 위에 소스를 얹어 데우더라고요. 따로 구워서 소스를 뿌리는 방식과 미세하게 다른 맛이 됩니다. 그 장면을 지켜보다 너무 자연스럽게 한 접시 더 시켜 먹었습니다.

84년의 규칙으로 지탱되는 이곳에서는 주인장의 움직

임도 그만큼 군더더기가 없습니다. 오뎅 양과 국물을 그때 그때 보강하고 구이를 요리하는 동시에 손님 앞에 작은 나뭇조각을 계속 쌓습니다. 우리가 있을 때보다 손님이 두세 배 넘게 와도 끄떡 없을 것 같은 기세입니다. 그가 쌓은 것을 유심히 보니 오뎅마다 요리마다 다른 금액이 적힌 가격표입니다.

  회전초밥집에서 접시 색으로 가격을 구분하듯 이곳은 금액대를 몇 종류로 한정하고 추가 주문할 때마다 나뭇조각을 하나씩 놓는 방식이죠. 마지막 계산할 땐 사장님이 번거롭지 않을까, 생각할 때 마침 한 가족이 일어났습니다. 가격표를 분류하고 가늠하여 암산하기까지 2초 정도 걸렸나봐요. 1.78초 같은 느낌. 우리가 모두 감탄하자 "별거 아니에요" 겸손하게 이야기했지만 저라면 아마 매일 해도 매번 오래 걸릴 거예요.

  동네를 오래 지킨 주점에는 그곳만의 정서가 있습니다. 긴 시간 동안 주인장과 손님이 서로 기운을 주고받으며 만들어낸, 보이지 않는 규칙이랄까요. 어떤 가게에서는 이곳에 모인 모두가 친구처럼 받아들여지기도 하고, 어떤 가게에서는 주인장이 술을 함께 마시며 담소를 나누기도 하고, 어떤 가게에서는 철저하게 주인과 손님의 영역에서 각자의 시간을 보내기도 하죠. 손님들이 모두 나가면 사진 촬영을 해도 되겠냐고 묻자 되려 앉아 있던 손님들이 "아니 뭘 그렇게까지 해, 우리도 책에 실리면 좋지" 너스레 떨며 다같이 웃는 분위기가 정겨웠습니다.

겐로쿠엔에서 걸어서 15분 걸리는 이 골목에서 완벽한 하루를 보낼 수 있는 셈입니다. '니기니기'에서 도시락을 사서 '스즈키 다이세쓰관'을 본 뒤, 뒤편 산책로를 따라 걷다 벤치에 앉아 도시락을 먹고, 내친 김에 겐로쿠엔을 걸을 수도, 아니면 다시 돌아와 '이시비키 퍼블릭'에서 책 한 권, '후쿠미츠야'에서 술 한 병과 술 카스테라를 사들고, '조-하우스'에서 저녁 식사로 카레를 먹곤 이곳 와카바에 안착하는 일정입니다.

뭘 그렇게까지 하나 싶더라도 꼭 '그렇게까지' 해보세요. 떠들썩하게 이야기를 해도 좋고, 분주한 주방을 바라보며 조용히 오뎅과 술만 먹어도 그만입니다. 84년의 시간 속에 잠깐 일부가 되었다 나온 기분이 들었습니다. 다음 84년 뒤 가나자와도 꼭 관찰해주세요, 와카바.

주소 金沢市 石引2-7-11 | **영업시간** 17:00-23:00
휴일 월 | **전화** 076-231-1876

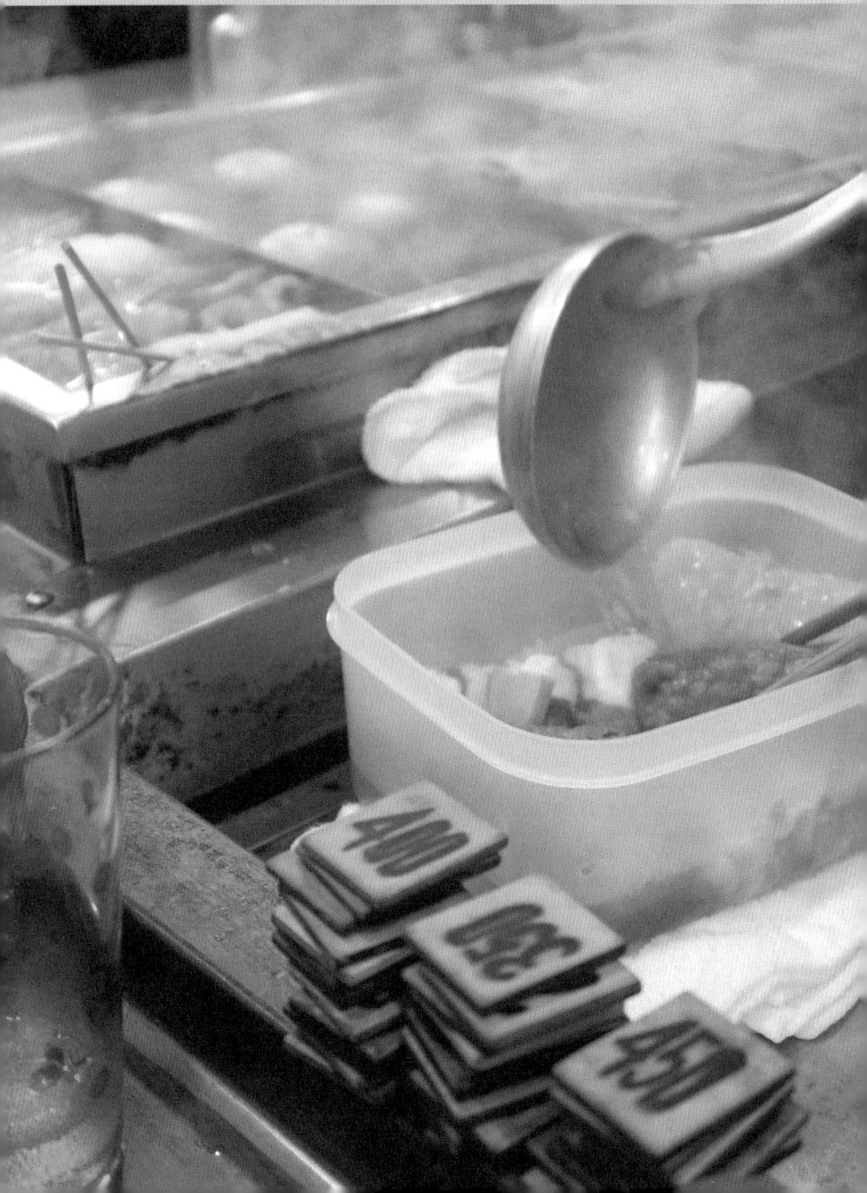
400
450

◀ 가나자와 역

이나사

이와모토
키요시 상점

콜라본

오미초 시장

다이쿠니즈시

가나자와
코마치

루구

사유

히가시차야 거리

니와토코

코우미 카이

하치

아사노 강

쿠무

오요요쇼린
세세라기
도오리점

니구라무

히라미판

프라자 미키

글로이니

스크로 룸
액세서리즈

겐로쿠엔

타와라

시라사기

팩토리
줌머/갤러리

가나자와
21세기 미술관

아카기

나카무라
기념 미술관

신타테마치

스즈키
다이세쓰관

사이 강

원원오따

비스트로
유이가

니기니기

조-하우스

미나 페르호넨
가나자와

타프타

키쿠

와카바

갤러리
노와이오

이시비키 퍼블릭

오요요쇼린
신타테마치점

후쿠미츠야

팔러코후쿠

벤리스 앤 잡

팩토리 줌머/숍

카피레프트

200m

N

창작과
생활과
요리

가나자와에서는 유독 고집쟁이들을 많이
만났습니다. 자신의 이름을 걸고 다른 무엇과도
대체할 수 없는 창작과 생활과 요리를 선보이는
사람들이요. 거리와 골목에서 만난 이들이
앞으로도 더 고집부려주면 좋겠습니다.

니와토코

창작 생활과 요리

ニワトコ

niwatoko

아사노 강에서 오미초 시장 쪽으로 걷다보면 대로변에 넓은 창을 가진 '니와토코'가 보입니다. 2011년 시작해 8년째 운영하는 식당 겸 카페입니다. 주인장 유키코 씨가 일본 요리점에서 근무하다 독립해 만든 곳입니다. 언뜻 보기에 가정식 식당이라고 하면 편하겠습니다만, 다릅니다. 유기농 식당이라고 하기에도 꼭 맞지 않습니다. 그저 단촐한 카페인가 넘겨짚었다가 막상 들어가서는 3일에 한 번이라도 올 수 있으면 좋겠다고 생각했습니다.

오전 11시 30분부터 오후 3시까지 하는 1,000엔짜리 점심 정식을 먹었습니다. 매주 금요일마다 메뉴가 바뀌는데, 자주 오는 손님들에게 계속 다른 요리를 대접하고 싶어서

라고 했습니다. 점심 정식에는 밥과 야채만 나올 때도 있고, 고기가 포함될 때도 있습니다. 매주 금요일 정오마다 이번 주 정식이 뭘지 기대하며 들르는 단골손님을 상상해 봤습니다. 전통 일본 요리를 기본으로 하지만 일반적인 가정식과는 다릅니다. 양배추롤, 장국, 계란을 풀어 올린 양파조림, 오이 절임까지 '집에서 먹는 밥' 혹은 '친구가 만들어준 밥'과 확연히 다릅니다.

요리가 나왔을 땐 일반 가정식에 가까운 맛일지도 모른다고 생각했는데요, 그에 관해 주인장 유키코 씨는 무리하지 않는 조리법으로 멋있게 만들려 하지 않는다고 자신만의 기준을 들려주었습니다. 그래서 눈으로 보고 예상하는 것과 먹었을 때 느낌이 살짝 엇나간다고 할까요? 일반적인 요리법에서 양념 하나를 다르게 만들거나 조미료의 양을 바꾸거나 조리 방식을 독창적으로 생각해 만듭니다. 늘 보던 재료와 요리지만 미세하게 달라 '이런 맛도 가능하구나' 생각하게 하죠.

매주 요리를 바꾸는 까닭은 재철 재료를 고집하기 때문이기도 합니다. 요리부터 떠올리는 게 아니라 지금 가장 신선한 재료를 먼저 고르고 그에 맞춰 요리를 개발해 나갑니다. 세상 본 적 없는 요리만이 창작요리라고 불릴 자격이 있는 건 아닙니다. 흔히 알려진 조리법을 살짝 비틀기만 해도 혀는 정확히 알아차리죠.

늦은 아침 식사를 하고 들렀는데도 허겁지겁 정식 하나를 다 먹었습니다. 밥이며 찬이며 어느 하나 식사를 방해하지 않고 꿀꺽 넘어갑니다.

테이블마다 '사진 금지' 푯말이 놓여 있습니다. 아사코 씨가 아는 모든 식당과 가게를 통틀어 사진 촬영에 가장 엄격하다고 합니다. 그러고 보니 구글이든 리뷰 사이트든 그 어디에서든 사진 한 장 찾을 수 없어서 이곳의 룰을 서로 잘 지키는구나 싶었어요. 유키코 씨는 우리가 만나본 가나자와 사람 중 제일 명랑했는데 그 명랑함과 고유의 맛을 지키기 위해선 이곳만의 룰이 필요합니다. '쾌활한 사람이니까 규칙 좀 어겨도 이해하겠지'가 아니라 그 반대입니다. 밝은 사람, 관대한 사람, 친절한 사람은 그 기운을 바깥으로 밀어내기 위해 속으로 뭔가 견디고 있을 확률이 크니까요.

점심을 다 먹고 따로 쌀가루 팬케이크를 주문했습니다. 밀을 쓰지 않아 담백한 팬케이크 위에 바닐라 아이스크림, 딸기, 딸기잼이 올려져 5초 만에 커다란 접시의 음식이 사라지는 애니메이션처럼 빠르게 먹었습니다.

영어 메뉴판에 '먹고 싶은 요리를 손가락으로 가리켜주세요'라고 쓰여 있어서 모두 함께 웃었습니다. 그때 요리가 양배추롤이었는데 지금은 벌써 수십 가지 요리가 바뀌었겠네요. 지금까지 놓친 요리와 앞으로 놓칠 요리가 궁금합니다.

주소 金沢市尾張町1-9-7-1 | **영업시간** 11:30-17:00
휴일 목, 부정기 휴 | **홈페이지** niwatoko.jp | **전화** 076-222-2470

가나자와
코마치

함박눈, 빵, 커피

金沢小町

kanazawakomachi cafe zimmer

'가나자와코마치'에 들어갔을 때 네 가지 생각이 동시에 들었습니다. 이곳은 빵집일까, 꽃집일까, 카페일까, 잡화점일까? 그렇게 생각해도 괜찮습니다. 모두 맞습니다. 아사코 씨가 전에 3년간 일했던 곳으로, 들어가니 스탭들이 "아사코 씨다, 아사코 씨" 하며 반갑게 인사했습니다.

아사코 씨가 일할 때까지만 해도 케이크를 포장 판매하는 곳이었다가 이후 공간을 손님용으로 바꿔 카페를 만들고 빵을 더 주력으로 삼았습니다. 어째서 빵으로 방향을 바꿨을까. 주인장에게 이유를 묻자 "빵 만드는 일이 더 재밌어서요" 간단히 답하곤 "하지만 여전히 케이크도 팝니다!" 웃으며 덧붙였습니다.

소금빵과 케이크 한 조각, 따뜻한 커피를 주문하고 소파에 앉아 공간을 둘러봤습니다. 이런저런 가구와 집기가 뒤섞여 있는데, 생각보다 서로 어울립니다. 다다미 위에 카페트가 깔렸고 그 위에 소파와 의자가 놓였는데 다 다른 형태입니다. 공간을 처음부터 전부 이렇게 꾸민 게 아니라 서서히 이렇게 된 쪽이겠죠. 가정집을 개조해서 쓰는 바람에 상업 공간엔 없는 설치나 구획이 보입니다. 신발을 벗고 올라서야 한다든지, 주방 앞 미닫이 문이라든지요. 가족을 향하던 공간을 개조해 외부의 사람들을 향하도록 바꿔도 끝내 남아 있는 집의 기운이 인상적이었습니다.

구석구석 커다란 꽃과 말린 꽃이 놓였어요. 가게를 분할해 다른 주인장이 꽃집 'NOTE'를 운영합니다. 분할했다곤 하지만 오히려 각자의 영역에 친밀하게 뻗어 있습니다. 다른 사장이 꾸려나간다는 이야기를 듣기 전까진 그렇게 나뉜 줄도 몰랐을 정도로요.

아름답게 분주한 공간을 바라보며 커피를 기다릴 때 음악이 귀에 들어왔습니다. 적당한 오후에 적당한 음악이 적당한 크기로 들렸어요. 아사코 씨가 사장님이 음향기기 마니아라고 귀띔해줘서 직접 물으니 "그럴 리가요, 이 정도로…" 아니라는 겁니다. 그래서 음향기기 마니아라는 것을

확신했습니다. 마니아들은 늘 이 정도론 아직 멀었다고 스스로 생각하더라고요.

일본에 가면 주로 드립커피를 마십니다. 개인이 운영하는 커피점은 대개 드립커피에 주력하는 것 같아서요. 에스프레소 머신을 카페의 전제 조건처럼 생각하다 대단한 기기 하나 없는 조촐한 공간에서 미각을 확장시키는 맛과 만나기도 합니다. 주인장이 주방에서 내린 커피를 내어주었습니다. 한입 마시자마자 모두 이구동성으로 "진한데 맑다"고 했습니다. 그게 무슨 뜻일까요. 진한데 맑은 커피가 어떻게 가능할까요.

한 모금 마시면 강한 커피향이 입안에 가득한데 이상하게도 부드럽게 넘어갑니다. 향과 맛이 강하지만 그 강함이 부담스럽지 않아요. 쉬운 비유지만 그런 사람이 되면 좋겠군 하고 발가락을 꼼지락거리며 생각했습니다. 고소한 향이 사라지기 전에 소금빵을 한입 먹었습니다. 이번에는 고운 버터 맛이 퍼지는데 그 사이사이 소금이 콕콕 너무 방심하지 말라고 혀를 찌릅니다. 커피 한 잔 소금빵 한입 계속 연거푸 먹고 싶었습니다.

특별한 커피콩을 쓰는지 묻자 그는 오사카의 커피콩을 쓴다며 "그냥 온라인 쇼핑으로…" 넉살 좋게 덧붙였어요.

주인장도 이 공간도 딱 그런 느낌입니다. 몇 대째 커피콩만 볶는 장인의 고급 커피콩을 꼭 써야 하는 가게도 있지만, 반면 자신이 고를 수 있는 한도 내에서 최선을 다해 택하고 관리하면 충분히 좋은 맛이 나온다고 믿는 가게도 있는 법이죠. 이 커피가 그 믿음의 증거입니다. 공간 디자인 전문가가 어디에도 없는 가게를 만들 수도 있지만, 가나자와코마치처럼 자신을 한계까지 내몰지 않으면서도 편안한 공간을 만들 수도 있습니다. 그러고는 커피콩은 온라인 쇼핑으로 편히 산다며 껄껄 웃으면 그만이죠.

주인장의 아이패드에 가게 시작 전부터 모든 사진이 저장되어서 가게로 개조하기 전 모습, 아사코 씨가 근무할 때 모습, 2013년 카페로 바꿀 때 모습도 보여주었습니다. 가나자와의 어떤 점이 좋냐고 물었더니, 그는 여름에 비가 많이 오듯 겨울에 눈이 많이, 예쁘게 오는 게 가장 좋다고 했습니다. 예상 외의 대답이었어요. 그러고는 사진첩을 뒤적여 겨울 사진을 보여주었습니다. 눈이 골목을 가득 채운 장면과 강가를 덮은 장면과 나뭇가지 위 아슬아슬 높이 쌓인 장면들이었어요. 눈 사진을 연달아 봐서 가게를 나올 때 어쩐지 겨울 같았습니다.

주인장이 겨울을 좋아하는 사람이라 그런지 돌이켜 생

각해보면 가게가 겨울에 딱 어울리게 꾸며져 있습니다. 눈이 발목보다 높게 쌓인 날에 신발에 묻은 눈을 털면서 '생각보다 사람이 많네' 놀라며 따뜻한 드립커피에 케이크 한 조각 먹고서 돌아가는 길을 떠올렸습니다.

주소 金沢市東山3-14-21 | 영업시간 11:00-18:00 | 휴일 월, 화
홈페이지 www.facebook.com/kanazawakomachi | 전화 076-200-7971

콜라본

3+3+3+1=

collabon

편집자 겸 디자이너라든지, 요리사 겸 시인이라든지, 엔지니어 겸 가구 제작자라든지, 고가구 판매상 겸 농사꾼이라든지 두세 가지 역할을 동시에 하는 사람은 그만큼의 언어를 구사하는 것 같아요. 네 가지 직업을 가진 사람은 4개국어를 하는 느낌이죠. 몸 하나가 이 작업과 저 작업 사이에서 일종의 번역가가 되어 한 사람이 서로 다른 일을 할 수 있게 해주는 느낌입니다.

　비슷한 맥락으로 무언가 겸하는 가게를 봅니다. 한 공간을 잘게 쪼개거나 전혀 쪼개지 않은 채로 조금씩 다른 역할을 수행합니다.

　가나자와의 좁은 골목에서 17년째 자리를 지키는 '콜라본'은 잡화점 겸 서점 겸 카페입니다. 무언가 더 앞서거나 뒤쳐지지 않고 3:3:3 정도 비율로 잘 맞추고 나머지 1은 주인장 자신의 공간으로 채운다고 할까요? 서점이 사람을 붙잡기 위해 만든 카페도 아니고, 카페가 매출을 더 올리기 위해 만든 잡화점도 아닙니다. 모두 이 가게의 분명한 정체성을 나눠 가집니다. 커피 맛도 좋아서 카페만으로 이용하는 손님도 많다고 합니다.

책을 구경하는데 강아지 한 마리가 어디선가 나타나 우리를 반겨주었습니다. 이곳에서 키우는 강아지로 이름은 '당고'입니다. 당고의 선한 눈매가 주인장과도 닮았고 이곳 콜라본의 분위기와도 닮았습니다. 차분하고 마음이 편안해지는 공간이었어요.

그리 넓지 않은 공간에 묘하게 가구라든지 집기도 판매 중이었는데요. 예를 들면 붓을 넣어둔 진열장 역시 판매용이라든지, 엽서를 담아둔 큰 가구도 판매용입니다. 판매용 가구 위에 놓인 판매용 집기 위에 놓인 판매용 스티커가 층층이 다른 부분을 건드립니다. 인테리어 소품인 동시에 판매용 물품이죠. 저 의자가 판매되면 이곳의 인테리어는 또 바뀌겠군요.

무가지, 편지지, 엽서, 스티커, 책갈피, 펜, 붓, 유리잔, 보온병, 책, 장난감, 문구, 향초, 집기, 가구, 커피까지 물품이 백화점처럼 많지만 주인장 한 사람에 의해 조율되어 마치 수집가의 커다란 수납장 같습니다. 편집매장도 아니고 복합문화공간도 아니고 백화점도 아니고 조용한 수집가가 17년 동안 모아온 물건을 모아 놓고 이것저것 친절히 추천해주는 공간에 가깝습니다.

명함꽂이와 고양이 그림 엽서를 샀습니다. 당고와 인사하고 나오다 좀 낯선 기분이 들어 생각해보니 골목과 이어질 수 있게 문이 활짝 열렸기 때문이었습니다. 17년 동안 얼마나 많은 사람들이 저 얇은 문지방을 드나들었을까요.

이나사

모두가 주인공

いなさ

Inasa

내추럴 와인을 전문으로 다루는 주점 '이나사'는 이자카야
가 많은 골목에 차분히 자리 잡고 있습니다. 열 명이 들어
오면 가득 찰 규모에 손님 쪽 공간에는 나무 의자와 테이
블이 전부여서 그 단촐함에 감탄했어요. 다른 곳에는 의
자와 테이블 외에도 메뉴판, 소스통, 휴지통, 유명인의 사
인, 그림, 액자, 포스터, 달력, 특별 메뉴 표기 등등 뭐든 하
나쯤 있기 마련이죠. 이나사에는 아무것도 없습니다. 공간
내에 문자라곤 칠판에 분필로 쓴 메뉴뿐이었습니다.

　카운터 자리에 앉아 추천 와인을 물어보자 두 병을 꺼내
먼저 한 모금씩 마셔보고 결정하는 모습이 인상적이었어
요. 기억과 평가는 언제든 바뀌고 왜곡되기 마련이니 지금

혀가 느끼는 감흥에 집중하는 사람처럼 보였습니다. 다른 술도 더러 취급하지만 내추럴 와인 전문이니 그가 추천해 주는 프랑스 와인을 받아들었습니다. 일반 와인과 달리 비료를 쓰지 않은 포도에 첨가제 역시 거의 넣지 않고 만들었다는 설명을 듣고 한 입 마셔보았습니다. 지금껏 와인을 즐겨 마시지 않았던 이유가 맛과 향의 복잡한 층을 어려워했기 때문이었는데 내추럴 와인은 직선의 맛으로 꿀꺽 넘어갑니다.

안주는 400엔에서 1,200엔 사이로 주로 600엔짜리가 많았어요. 입이 짧아 한 가지 요리를 끈기 있게 먹지 못해서 작은 그릇에 나오는 400엔이나 600엔 안주를 좋아합니다. 깐풍기 대자가 나오면 2박 3일 동안 먹어야 할 것 같은 중압감에 시달리는데 서너 입에 사라지는 안주라니 딱 적당합니다.

안주 대부분 주인장의 창작요리로 매번 조금씩 새로운 음식을 개발합니다. 첫 요리로 브로콜리 무침이 나왔어요. 브로콜리가 잘 보이지도 않게 양념에 가려졌는데 양념 역시 브로콜리입니다. 브로콜리를 개서 만든 무스로 다시 브로콜리를 양념한 것입니다. 브로콜리는 무엇에 찍어 먹든 그 본연의 단단한 식감이 양념을 짓눌러 버린단 생각을 매번 하는데요, 간이 센 브로콜리 무스가 브로콜리 전체를 휘감아 입안에서 브로콜리 축제를 여는 기분입니다. 셋 중에 브로콜리를 가장 기피하는 저인데 "다들 더 안 먹으면 제가 마저 먹을까요?" 하고 물었습니다. 물냉이 샐러드와 학꽁치 요리, 아스파라거스 튀김도 나왔습니다. 자꾸 이것저것 시켜 먹게 되는군요.

이제 4년 차인 가게를 오직 혼자 꾸려나간다고 합니다. "바쁠 땐 힘들지만 규모가 작아서 충분히 가능합니다"라며 이번엔 빙어 튀김을 내주었습니다. 그 앞뒤 전개가 각본이 있는 것처럼 딱딱 맞았습니다. 왜냐면 빙어 튀김 맛이 '충분히 가능함'을 증명했거든요. 카운터 자리라 주인장의 움직임이 보일 수밖에 없는데 과도하게 움직이지 않으면서 요리 하나 끝날 때마다 주방을 꼼꼼하게 초기화하는 게 멋졌습니다.

마지막 요리인 멧돼지 립을 먹기 전에 검은 깨로 양념한 된장을 내주었는데 저에겐 이 검은 깨 된장이 그날의 주인공이었습니다. 연한 된장 사이사이 검은 깨가 고소한 점처럼 찍혀 부드럽게 자극합니다. 언뜻 모양은 반찬 같지만 무엇도 보조하지 않고 보조할 필요 없는, 독자적인 하나의 요리였습니다.

　이나사의 모든 요리가 그랬어요. 단촐한 인상이지만 각자 다른 카운터 펀치를 날립니다. 와인을 한 잔 더 주문하면서 취하지 않으려고 정신을 다잡았습니다. 요리들의 맛을 잘 기억하고 싶어서요.

주소 金沢市笠市町6-2 | **영업시간** 18:00-24:30 | **휴일** 수, 첫·셋째주 목
전화 076-223-5047

이와모토
키요시 상점

작은 물건이
삶을 바꿀 때

岩本清商店

Iwamoto Kiyoshi Shouten

아사코 씨가 서울 동교동에서 운영하는 '아메노히 커피점'
매대에 놓여져 있던 '이와모토 키요시 상점'의 검고 작은
트레이가 기억납니다. 그릇이 겹쳐 진열될 때 보통 '쌓였
다'고 생각하잖아요. 그 트레이 서너 개가 쌓여 있는데 워
낙 평평해서 하나의 트레이 위에 다른 하나가 사뿐히 놓인
느낌이었습니다. 다 똑같은 트레이지만 각자의 영역이 분
명합니다. 큰맘 먹고 하나를 산 뒤 언젠가 모모미 씨에게
기념일 선물로 주었습니다.

　이 오동나무 공예품이 지닌 최고의 매력은 눈과 손이 각
각 전혀 다르게 느낀다는 점입니다. 맨 처음 숯검정 트레
이를 눈으로 볼 때 예상되는 촉감과 무게가 실제와 너무나

다릅니다. 눈이 어느 정도를 예상하든 그보다 가벼울 거예요. 머릿속에 편견처럼 자리한 검정의 무게가 한순간에 무너질 때 기분이 좋습니다. 그래서 이 오동나무 트레이를 자꾸 들어보거나 만지게 됩니다. 냄새도 맡아보면서요.

상점을 둘러보다 바닥에 튀어나온 커다란 돌을 보았습니다. 건물 바닥을 마감하면서 돌을 파내지 않은 거죠. 그래서 손님 누구도 그 바닥을 밟지 못하고 피해간다는 사실에 마음이 조마조마했습니다. 그때 주인장이 공방을 보여주겠다고 했습니다. 손님들도 요청하면 쉽게 견학이 가능하다고 합니다. 걸어서 2분 정도 거리에 가게 몇 배 크기의 공방이 펼쳐집니다.

제작과 판매 공간을 함께 운영하는 곳은 공간을 배분하는 방법이 다양합니다. 손님이 오래 둘러볼 수 있도록 최대한 넓은 공간을 할애하고 자신은 좁다란 곳에서 버티는 운영자가 있는가 하면, 손님이 쓰는 공간만큼 운영자도 써야 유지된다고 믿는 운영자도 있어요. 제품을 만드는 곳을 가능한 넓게 확보하고 손님은 테이크아웃만 할 수 있도록 만든 상점도 있죠.

공방 문을 열자 커다란 공간에 커다란 기계들과 군데군데 밝은 색 목재가 쌓였습니다. 바닥에 가득한 톱밥을 둘러보다 바닥에 쌓여 있는 톱밥을 보니 재채기를 했다가는 만화처럼 분진이 펑 터질지도 모르겠다고 생각했습니다. 그렇게 생각하니 코가 괜히 더 근질근질했습니다.

　주인장이 직접 작은 트레이 만드는 시범을 보여주었습니다. 100년 이상 된 오동나무를 불로 그을려 검은색을 냅니다. 그을린다기보다 태운다는 표현이 더 적합해 보입니다. 토치램프에서 뿜어 나오는 불꽃이 순식간에 밝은 나무 조각을 암흑처럼 어둡게 바꿉니다. 군데군데 나무껍질이 벗겨질 정도로 태운 뒤 기계로 연마해 완성했어요. 색 하나 쓰지 않으면서 통채로 색상을 바꾸는 모습이 신기했습니다. 그는 특별한 기술이 필요 없다며 웃었지만 제가 그 자리에 앉으면 나무를 다 태워먹거나 얼룩덜룩 엉망으로 그을려 아무도 사지 않을 제품을 만들었을 테죠. 그을리는 기술 역시 1913년 창업된 이래 꽤 변했겠죠?

　처음에는 나무로 불을 때 직접 굽다가 그 후에 크고 무거운 토치, 그리고 꽤 지난 후에야 지금의 작은 토치램프로 발전했다고 합니다. 불에 구울 땐 얼마나 고단한 작업이었을까요. 수십 년에 걸쳐 똑같은 작품을 만드는 사람을 볼 때 그 제품 하나가 한 시간 만에 뚝딱 완성된다고 해도 실은 수십 년 동안 만든 것이나 마찬가지라고 생각합니다.

그 힘을 유지하기 위해 동일한 물건을 계속 반복해서 만드는 거겠죠.

연마 기계 전원을 켜자 공방 전체가 흔들릴 정도로 긴 벨트가 커다란 소리를 내며 돌아갔습니다. 벨트가 다른 벨트를 회전시키고 그렇게 계속 이어져 자그마한 연마봉을 돌립니다. 5대째 이어나가는 공방답게 옛날 기계를 그대로 쓰는 듯했어요. 공간 전체의 힘을 모아 손바닥 만한 접시 하나를 만드는 셈입니다.

공방 견학을 마치고 다시 상점으로 돌아오면 질감이나 무게가 다르게 느껴집니다. 이 짙고 가벼운 물체를 더 요리조리 살펴봅니다. 나른한 빛이 들어오는 날, 검은 트레이 위에 따뜻한 보리차가 든 찻잔을 올리고 그 옆에 동그란 비스켓을 두어 개 두고는, 성급한 마음에 찻잔을 쥐었다가 뜨거워서 언제 적당히 식을지, 찻잔 위로 말려 올라가는 아지랑이를 바라보는 장면을 떠올립니다. 작은 물건 하나가 삶을 바꾸진 않지만, 좋은 순간을 상상하게 해주는 것만으로 충분합니다. 그런 물건이 삶 속으로 하나하나 들어오면 결국 삶이 바뀌기도 하겠죠. 이와모토 키요시 상점 작품들은 특유의 낙천적인 검정으로 짧은 순간을 더 밝게 만들어줄 겁니다.

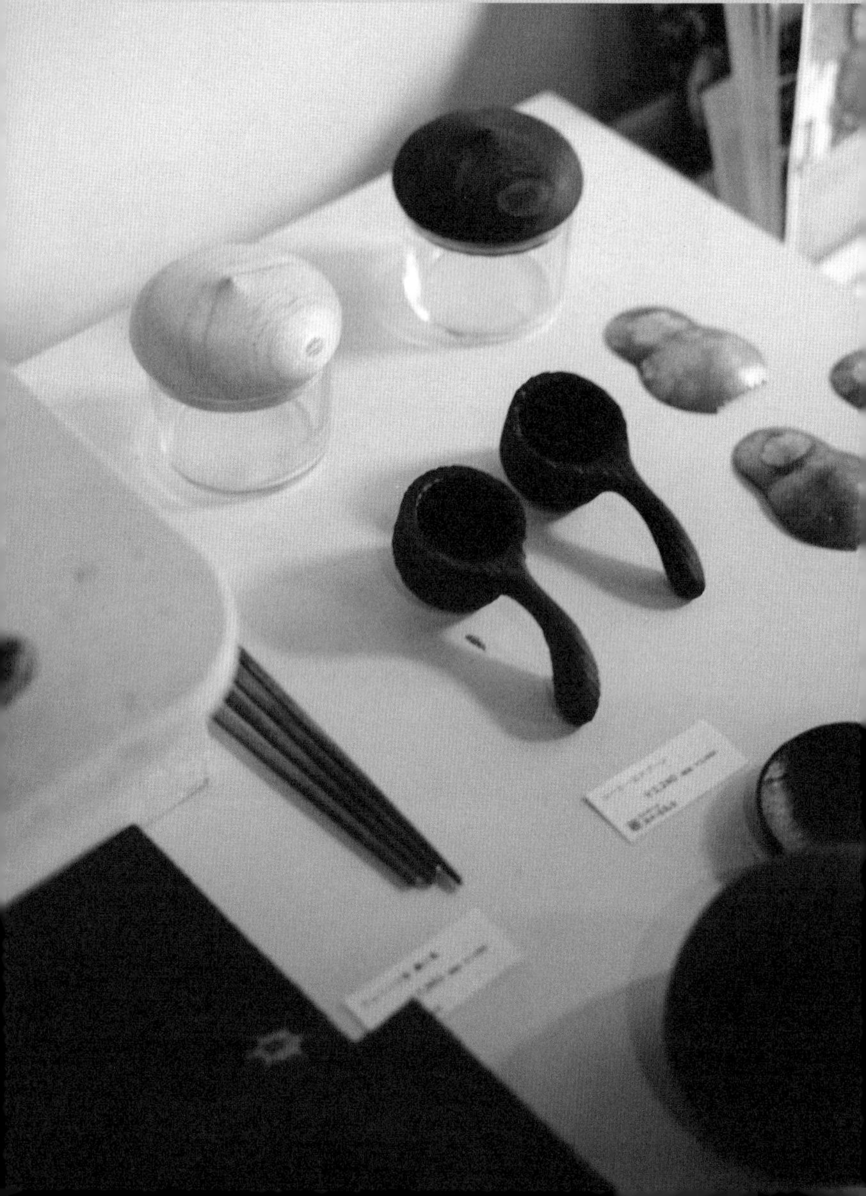

작은 목재 하나가 완전히
검게 변하기까지
몇 초 걸리지 않았습니다.

그의 작업장엔 그 몇 초가
100년 넘게 쌓여 있습니다.

아무날에는
가나자와

초판 1쇄 인쇄 2019년 5월 17일
초판 1쇄 발행 2019년 5월 28일

지은이 이로 모모미 아사코
펴낸이 고미영

책임편집 홍성광   펴낸곳 (주)이봄
편집 고미영 이승환 서은숙   출판등록 2014년 7월 6일 제406-2014-000064호
디자인 위앤드   주소 10881 경기도 파주시 회동길 210
마케팅 정민호 박보람 나해진   전자우편 yibom@yibombook.com
      최원석 우상욱   팩스 031-955-8855
홍보 김희숙 김상만 이천희   문의전화 031-955-1909
제작 강신은 김동욱 임현식
제작처 영신사

ISBN 979-11-88451-49-4 13980

springtenten   yibom_publishers